JN160736

大益普洱茶《プーアルチャ》の品質鑑定

呉遠之・主編

目次

第一章

普洱茶《プーアルチャ》について

第一節　普洱茶の定義

普洱茶の生産は後漢、その貿易は唐代に始まった。明代にはよく知られるようになり、清代に至って全盛を極めた。その不思議な物語に満ちた歴史は、人生の味わいに似て、酸っぱく、甘く、苦く、渋く、まことの品質と、生き生きとしたエピソード、深い情緒に彩られ、時が経つほどに香ばしさを増す。

普洱という2字の概念

「普洱」はハニ族の言語である。「普洱」は一貫して地名として使われ、早期には思茅《しぼう》市普洱県（現・寧洱県）、現在は、雲南省の一地域名である普洱市（元・思茅市）を指す。普洱茶には、普洱の地の茶、という意味が含まれているが、主要な産地は、シーサンパンナ（西双版納）である。

普洱茶の名前の由来

普茶

元代、「ボリブ」と呼ばれる地域があった。のち、発音が漢字で表記され「普耳」となった。「普洱府」も「ボリブ」から次第に改名されたもので、名称が定まっていなかった雲南の茶葉も次第に普洱府と一体になり、「普茶」という名が生まれた。『滇略《てんりゃく》』には「士庶所用、皆普茶也。蒸而成団（士大夫も庶民もみな普茶を嗜む。蒸して固めてある）」という記述がある。

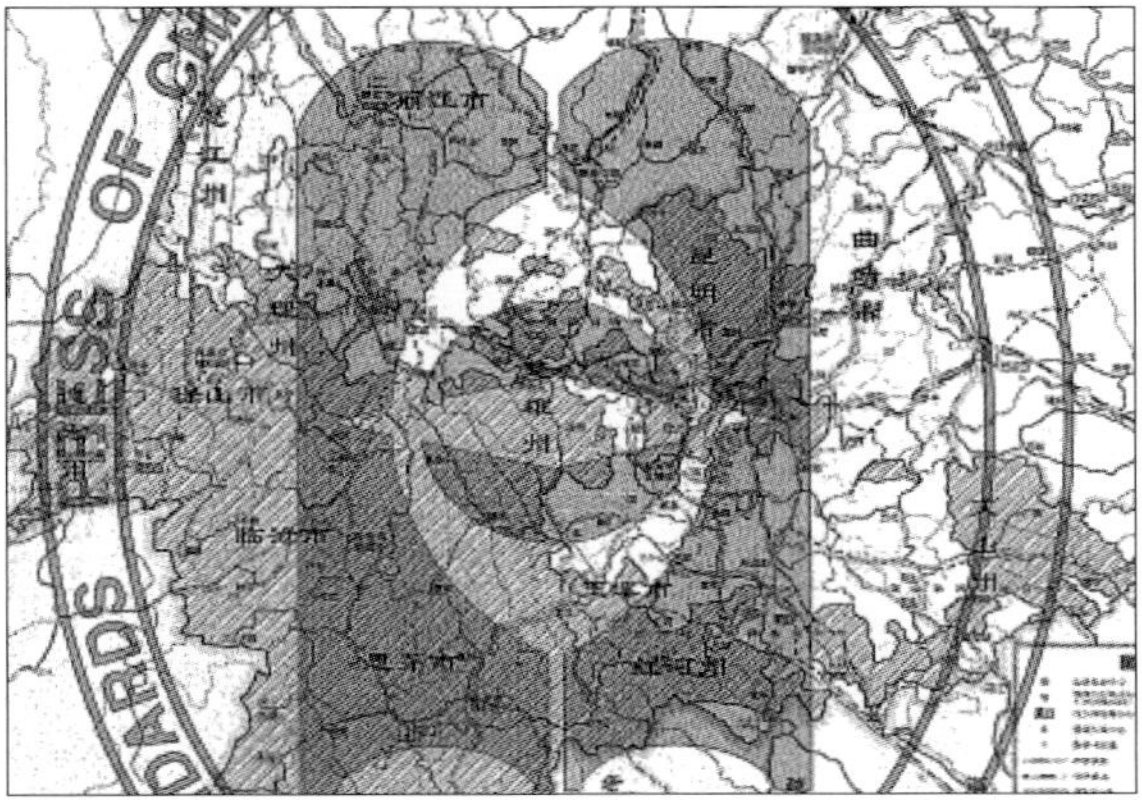

地理標誌

GB
中华人民共和国国家标准
GB/T 22111—2008
地理标志产品　普洱茶
Product of geographical indication—Puer tea
2008-06-17 发布　2008-12-01 实施
中华人民共和国国家质量监督检验检疫总局
中国国家标准化管理委员会　发布

国家標準

普洱茶

普洱茶の混じり気のない濃厚な味わいは次第にチベット、西康、新疆などの地区の肉食を主とする少数民族の必需品になった。そこから国内外に知られ、明末に至って普洱茶と改名された。方以智《ほういち》の『物理小識』（1664年）には「普洱茶蒸之成団、西蕃市之（普洱茶は蒸して丸めたもので、西蕃に売るもの）」と記載されている。およそ雲南省内の喬木茶葉から作られた茶は、すべて普洱茶とされた。

現代における普洱茶の定義

国家標準GB／T22111―2008『地理標誌産品・普洱茶』によれば、普洱茶は、地理標誌保護範囲内の雲南大葉種の晒青《さいせい》茶（太陽の光に晒して乾燥させる工程を経た茶）を原料とし、かつ地理標誌保護範囲内で特定の加工技術により生産された、独特の品質特徴をもつ茶葉である。普洱茶は、生茶《せいちゃ》と熟茶《じゅくちゃ》の2大類型に分けられる。

雲南大葉種樹

国家標準

これにより中国普洱茶の概念には3つの要点がある。

①雲南地理標誌保護範囲内で生産された雲南大葉種の原料

②雲南地理標誌保護範囲内で加工された晒青原材料茶

③雲南地理標誌保護範囲内の特定加工技術により生産された茶

上記の3つの条件を満たすものは普洱茶と呼ばれる。この概念のなかには生茶（人工的な発酵工程を施さないもの）、熟茶（人工的な発酵工程を施したもの）、熟成させた老茶も共に含まれる。国家標準に依拠すれば、雲南で加工された原材料の茶を広州などの地域に運び、押し固めて成形した茶は、普洱茶とは呼べないことになる。

雲南大葉茶

普洱茶の基本的な特徴

①地理標示

普洱茶の地理標誌区域は、雲南省普洱市、シーサンパンナ、臨滄《りんそう》市、大理州、保山市、徳宏州、楚雄州、紅河州、玉溪《ぎょっけい》市、文山州など11の州（市）、75の県（市、区）、639の郷（街道弁事処）の現行管轄区域である。

②樹種の優勢

雲南の自然は茶樹の成長に利があり、茶樹の種類には豊富で多くの優れた品種がある。現在、普洱茶の原材料は「雲南大葉種」である。大葉種の茶は普洱茶の原料のなかで最も主要な品種の特徴となった。それは喬木と小喬木に分かれ、両種の生命力はともに強く、早期に発芽し、採葉の期間がやや長い。茶葉は養分に富み、ポリフェノール、カテキン、カフェイン、アミノ酸などが豊かに含まれる。

③特殊加工技術

その1つ目は「拼配《ほうはい》」（ブレンド）技術であ

る。異なる産地、異なるランク、異なる採種年月の茶葉をブレンドし、目標とする普洱茶製品に仕上げる。2つ目は人工発酵技術である。「晒青毛茶」（太陽の光に晒して乾燥させる工程を経た茶。日本茶の「荒茶《あらちゃ》」に相当する）を水にさらし積み重ねる。湿気と熱の作用と、微生物の作用により茶葉のなかのポリフェノール化合物が変化し、製品が茶褐色で、淹れた茶湯の色合いが濃い赤で、味わいに深みがある品質の特色が促進される。

④エコロジカル食品

雲南省は中国の西南の境界にあるため、工業産業が後れ、多くの茶葉栽培区には化学工業企業が存在しない。また、雲南の独特の地理的な条件、優れた生態環境、独特の海抜気候により雲南省の茶葉栽培区は汚染のない、天然のエコロジカルな環境となっている。

⑤古いほど旨い

「越陳越香」（古いほど旨い）は普洱茶の顕著な特徴である。「香陳九畹芳蘭気、品尽千年普洱情（古い蘭の芳香は遥か九畹にまで及び、大昔の普洱茶の情緒を味わい尽くす）」といわれ、普洱茶は「口に入れられる骨董」とされる。普洱生茶であれ、普洱熟茶であれ、その価値は「陳」（古い）にある。時間がたつにつれてさらに洗練され、その価値が次第に増していく。

⑥個性的な飲料

普洱茶は異なる生産地、異なる生産年、異なる採葉、および異なる加工方法によって、異なる味わいと変化のある滋味が生まれる。豊かな内在する性質、個性の際立つ香りの種類、何度も変化する味わいにより、普洱茶は現代人の飲料への多様な要求を満たす。

⑦健康飲料

普洱茶には多くの元素が含まれ、水溶性があり、現代人の健康に非常に役立つ。普洱茶は健康の代名詞

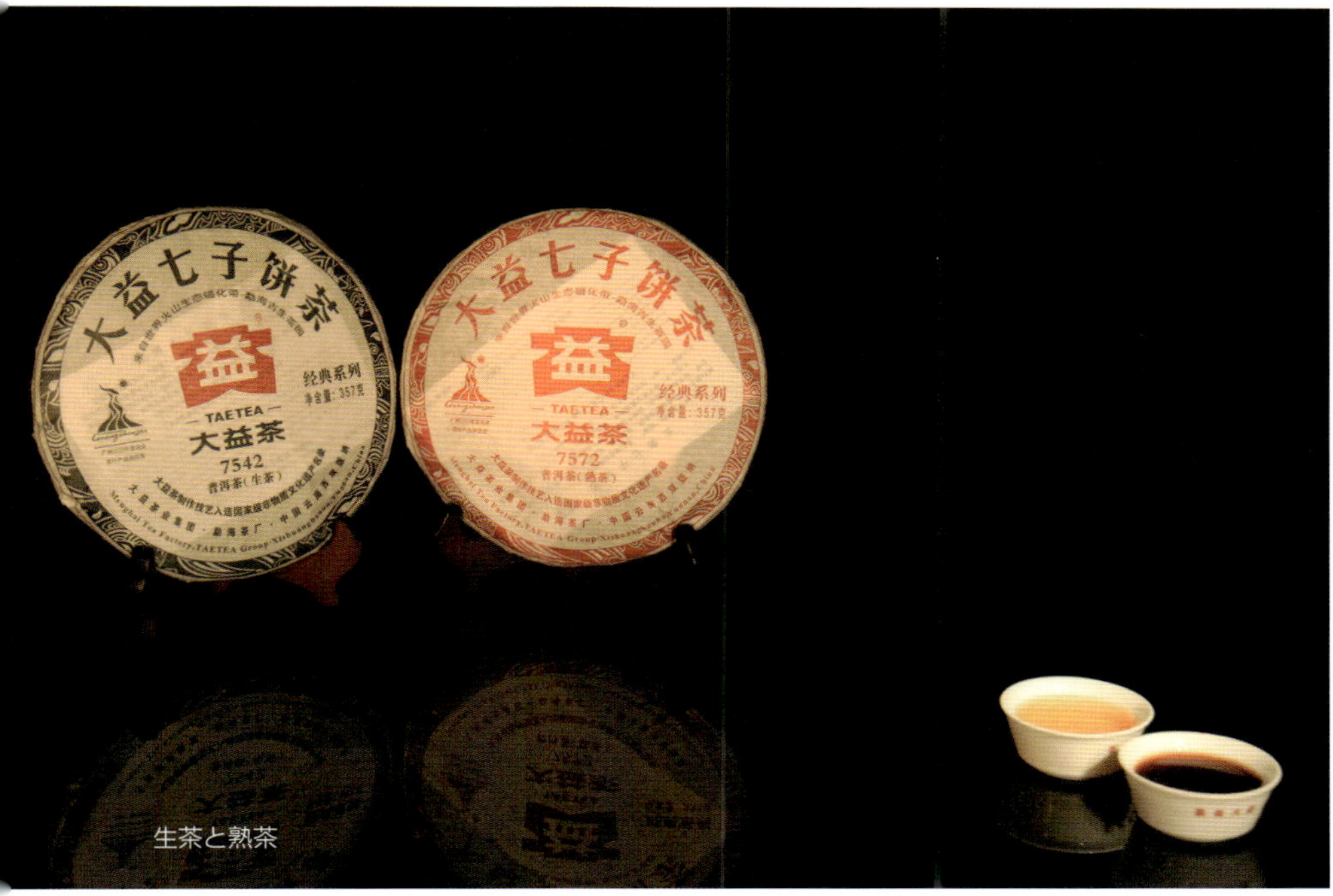

生茶と熟茶

となっている。

⑧ 文化飲料

植物と動物の王国である雲南は、世界の茶樹の発祥の地であり、普洱茶の特定産地である。何千何百年にわたり、茶葉は生産、加工、包装、運送、食用、飲用されており、26の少数民族が関わって、歴史的な蓄積がなされ、豊かで多彩な雲南茶文化資源が創造され、中華茶文化のなかで燦然と輝く茶の交易路「茶馬古道」と皇帝に捧げた貢茶である普洱茶が生まれた。

茶馬古道

第二節　普洱茶の種類

発酵技術による分類

1　生茶　雲南大葉種茶樹の新鮮な葉を原料とし、熱を加えて茶葉の酸化をとめる「殺青《さっせい》」、葉をもむ「揉捻《じゅうねん》」、日光のもとでの乾燥、蒸気により蒸した、のち圧力を加えるなどの工程を経て成形され固められた茶である。外側の色は深緑、香りは清純で持ちがよく、滋味は濃く、飲むと甘い後味が残り、淹れた茶湯の色は黄緑で光沢がある。葉底《ようてい》（淹れたあとの葉）は、厚みがあり黄緑である。生茶は刺激がある。作られたばかりの新しい生茶は、強い苦みがあり、淹れた後の茶湯の色は、やや薄いか黄緑であり、適切な条件のもとで、長期所蔵にふさわしい。年月が増すにつれ色は次第に濃くなる。滋味も次第に深まる。

2　熟茶　雲南大葉種の「晒青毛茶」を原材料とし、特定の技術を用いた人工発酵により、加工した「散茶」（成形しない茶）、あるいは「緊圧茶」（成形し固めた茶）である。その品質の特徴は、外側の色は紅褐色であり、淹れた茶湯の色は濃い赤で光沢があり、独特の熟成した香りがあり、滋味は深く、甘い後味が残り、葉底は赤みのある褐色である。熟茶は、性質が比較的温和で、淹れた後の茶は口当たりが滑らかで柔らかく、ふくよかな香りがあり、日常的に飲用するのに適している。質のよい熟茶は、収蔵に適し、時間がたつにつれ柔らかく、味わいを深める。

保存形式による分類

1　乾倉普洱　通風がよく、乾燥した清潔な倉庫で保存し、茶葉を自然発酵させる。一般的に熟成は10年～20年が良い。

2　湿倉普洱　地下室や地下の穴倉など湿気がある場所で保存し、発酵速度を速める。茶葉の内

乾倉普洱

磚茶《せんちゃ》

包物が多く破壊されるため、泥、またはカビの味がする。乾倉普洱よりも熟成が速いがカビが生えやすいため健康には良くなく、湿倉普洱の飲用と販売は勧められない。

外形による分類

1　餅茶《へいちゃ》　扁平な円盤状。そのうち、「七子餅」は357gである。これは古い計量単位、7両である。その7個を1つの筒とし、7個で七七四十九を表し、包装に使う竹の皮を合わせるとちょうど2.5kgとなり、子孫繁栄を象徴するゆえ「七子餅」と呼ばれる。

2　沱茶《だちゃ》《たくちゃ》　飯碗ほどの大きさで、キノコの形に似ている。1個100gまたは250gであり、小沱茶では2g〜5gである。

3　磚茶《せんちゃ》　長方形のレンガ形、または正方形、250g〜1000gのものが多く、このような

沱茶《だちゃ》《たくちゃ》

形に成形するのは主に輸送の便利のためである。

4　金瓜貢茶《きんかこうちゃ》　大小さまざまな半分に切った瓜の形に成形する。100gから数十kgまでのものがある。

5　散茶　製造過程で押し固めて成形していない普洱茶は「散茶」と呼ばれる。1枚の葉をそのまま成形した大きな葉片茶と葉の先端で成形した芽尖茶に分類される。

「拼配」の有無による分類

1　拼配（ブレンド）茶　普洱茶の製造過程で茶葉のブレンド発酵技師が、茶葉の産地の優劣、原料の使用コスト、総合的な味わいなどに依拠し、異なる産地、異なる等級、異なる製造年代の原料茶をブレンドし、色、香り、味、形がほかと異なる茶葉を作ることを指す。一般的には滋味の調和がとれ、確実に香りを伴い、味わいもよい。

2　純料茶　単一の材料の台地茶（プランテーション農園の大規模栽培茶。そのなかには最上級の普洱茶も含まれる）、単一の喬木茶、または単一の古木茶、または同じ山の茶樹から採種した単一茶であり、ほかにどのような茶葉も加えず押し固めて成形されるものである。

散茶

きんかこうちゃ
金瓜貢茶

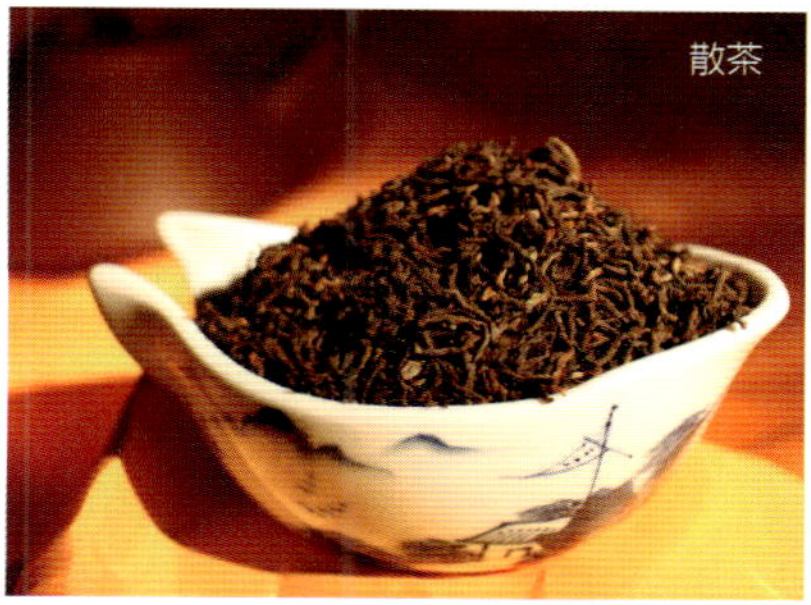

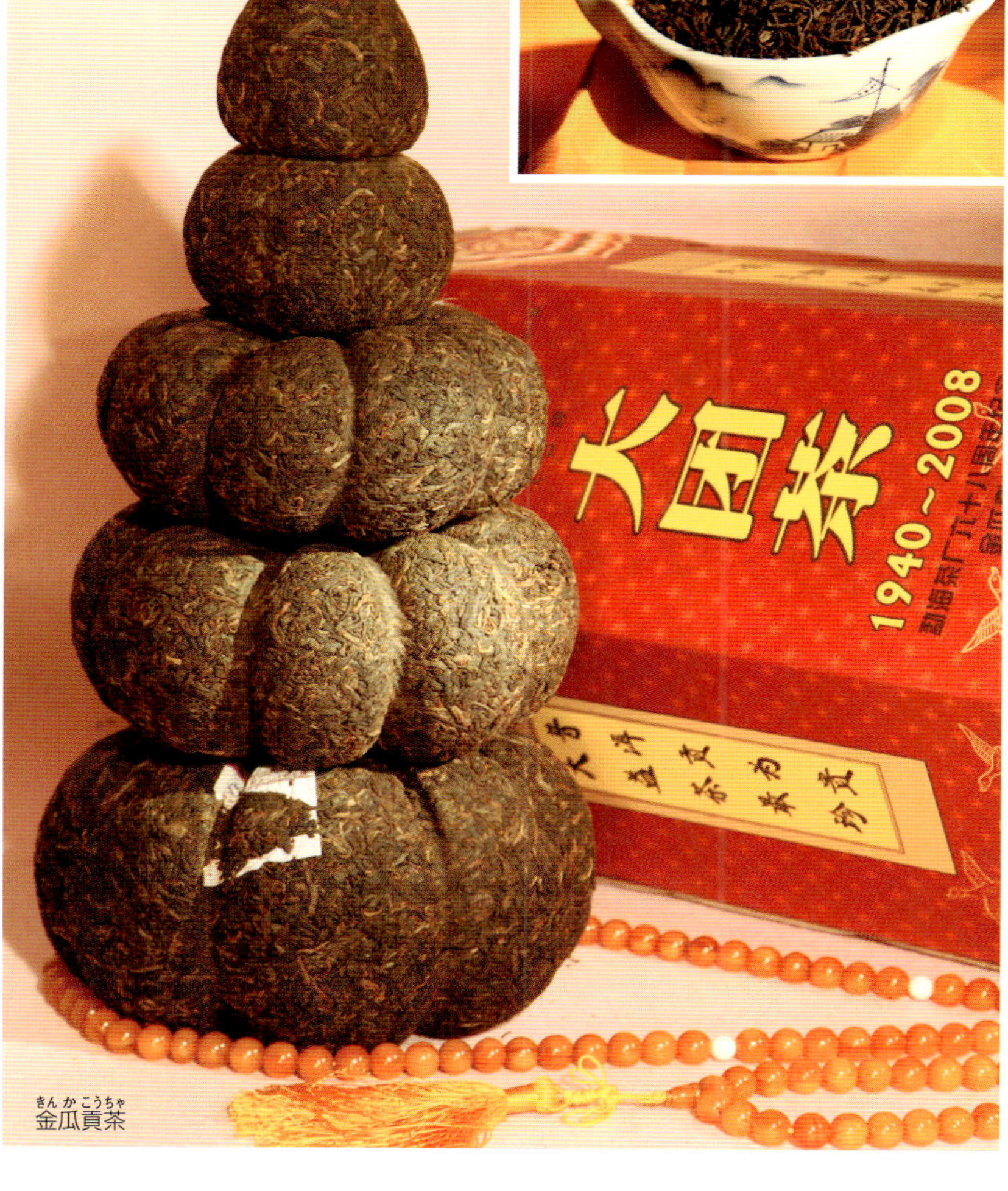

第三節　普洱茶の加工技術

普洱茶の加工の流れは2つに大きく分かれる。1つは、雲南大葉種を原材料とし、「毛茶」に仕上げることである。2つ目は、「毛茶」を生茶または熟茶に仕上げることである。それぞれの段階に工夫が必要とされ、そうしてはじめて普洱茶に特有の濃く、豊かで、調和のとれた味わいが生まれる。

「晒青毛茶」の加工技術

普洱茶を作るには、まず「毛茶」と呼ばれる原料茶を作る。産地で採種した茶葉は清らかでフレッシュな味がし、現地の茶農家の人々は原料茶を飲む習慣がある。原材料を作るのは「初期制作工程」と呼ばれ、普洱茶を作る工程のなかで基礎段階である。茶の原材料といえば、一般的には摘んだばかりの茶葉であるが、普洱茶加工においては「毛茶」も指す。

「毛茶」の詳細な加工の流れは以下である。新鮮な茶葉→攤涼《たんりょう》（広げてかわかす）→殺青（熱を加え酸化をとめる）→揉捻（葉を揉む）→渥黄《あっこう》（発酵過程の一つ）→解塊（塊をほどく）→晒乾《さいかん》（さらして乾燥させる）

1　鮮葉

茶樹から摘んで、加工していない葉を「鮮葉」と呼ぶ。一般的には、普洱茶を作る鮮葉は、「一芽」から「一芽三葉」までがある。鮮葉の柔らかさと原料の初期製造水準が原料の等級を決定する。

2　攤涼（広げてかわかす）

攤涼はまた攤放ともいわれる。鮮葉はこの流れを経ることによって適度に水分を減らし、青草の匂いを飛ばし、香りの成分への転化を促す。これらの物理的および化学的な変化は銘茶の外形と香気の形成に利し、茶の品質を増す。攤放は、浅い

殺青（熱を加え酸化をとめる）

竹かごを用いて、地面から離して置き、雨を予防し、虫を防ぐ。鮮葉は標準により等級化され、等級ごとに分けて置く。緑色でない、紅の葉や紫の芽は、茶の品質に影響を及ぼすので、等級化したうえ別に置くべきである。広げて置くときの厚みは6～8㎝、3～6時間置き、途中で葉を軽く上下に反す。広げてかわかすことにより鮮葉の芽葉が広がり、葉は柔らかくなり、色彩は鮮やかな緑から暗緑色になり、清らかな香りが漂う。

3　殺青（熱を加え酸化をとめる）

毛茶の加工過程において、殺青の目的は、高温を用いることにより酵素の活性をとめ、青臭さを除き、水分をとることである。生産量がそれほど多くない農家や小規模の作業所では、一般的には殺青鍋を使った手作業をする。薪をつかうため炉の温度の安定が難しく、殺青の工程では、温度と程度に特別の注意を払わなければならない。大規模な作業場では、回転式の殺青筒機を使う。巴達、布朗にある大益初期製造所でも殺青機を使ってい

揉捻（葉を揉む）

る。回転式の筒の温度は一般的には75℃〜85℃であり、葉の投入量は1回あたり0.9〜1.1kgである。

殺青を経た茶葉は、青くささが飛び、茶の香りがする。葉は柔らかくなり、縮み巻き上がる。握ると塊になり、手を緩めると少しずつ解け、粘性を帯びる。殺青の温度が高すぎると葉のへりが焦げたり、葉の表面に気泡ができる。

4 揉捻（葉を揉む）

葉を揉むのは、葉の表面に傷をつけ、茶汁を空気中の各種微生物に触れさせるためである。揉捻の方法は、手作業と機械に分かれるが、一般的には大型の初期製造所では機械を使う。

一般的には、大葉種の揉捻は小葉種より強く、力の強い揉捻は、細胞の破壊率が高く、比較的容易に普洱茶の芳醇な味わいが出しやすい。けれど大葉種であれば強い揉捻が必要というわけではなく、茶葉の柔らかさに応じて揉捻の強弱が決まる。柔らかい葉であれば軽く短く揉み、古い葉であれば、強く長く揉む。揉捻のあと、茶汁は外にあふ

晒乾（さらして乾燥させる）

れ、手に粘り、油のような潤いと光を帯びる。

5　渥黄

揉捻のあとの茶葉の余熱に程度の軽い発酵を施す過程で、これは勐海《もうかい》《モンハイ》地区の特殊な制茶技術である。揉捻のあと茶葉のなかの熱気が放出される前に茶葉をひとかたまりに積む。積み上げる厚さは、8～12㎝、時間は6時間以上である。この過程において茶のなかの葉緑素AとB、カロテンなどの色素物質の転化が加速され、青臭さが除かれ、純粋な香気を帯びる。茶葉のなかの色素が転化するため原材料である毛茶の色は真っ黒になる。渥黄を経た普洱茶は渋みが減少し、淹れた後の茶湯の色は黄色に光る。

6　解塊（塊をほどく）

揉捻や渥黄を終えた後の茶葉の塊をほどく作業で、一般的には専用の解塊機を使う。処理を終えた茶葉は、塊にならず、砕かれた茶葉と細長い茶葉に分けられ、乾燥させやすい。

7　晒乾（さらして乾燥させる）

普洱茶の定義に「晒青毛茶」という言葉がある。これは原料茶である毛茶の乾燥方式による命名である。一般的に茶葉を晒して乾燥させるときは、茶葉を重ねる厚みは2㎝を超えず、4時間ごとに手で茶葉を上下に反すようにする。乾燥させ水分を10％以下にする。晒して乾燥させる作業は、手で握った時に茶葉が手を刺す感触があり、茶葉の茎がすぐ折れ、手でにぎると茶葉の形状が容易に砕ける程度とする。陽光に晒した茶葉は太陽の各種のエネルギーを吸収し、また空気中の各種の微生物と接触し、普洱茶の後期熟成に有利である。ゆえに晒乾は、普洱茶の品質を決定するもっとも重要な過程の一つである。

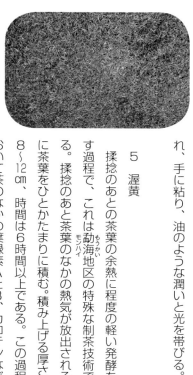

普洱生茶加工技術

原材料茶である毛茶を作り終えたあと、普洱茶の生茶を作ることになる。加工技術について、普洱茶の生茶と熟茶には違いがある。

生茶の加工の流れは以下である。

原料→篩分《しぶん》（ふるいわける）→揀剔《けんてき》（検査し取り除く）→拼配（ブレンド）→称茶（茶をはかる）→蒸茶（茶を蒸して固める）→圧茶（茶を加圧して成形する）→退圧（成形した茶を取り出して冷ます）→乾燥→包装

1　篩分（ふるいわける）

篩分は、「圓篩機《えんしき》」「抖篩機《とうしき》」「風選機」などの異なる組み合わせにより行われる。先に「圓篩機」は茶葉の長短と大小をふるいわけるもので、「抖篩機」は毛茶の粗さと細かさをふるいわける。風選機は茶葉の軽重をふるいわける。「圓篩機」を使っても、「抖篩機」を使ってもよい。

普洱茶の篩分（ふるいわける）

静電気の「揀剔機」

人間による検査

色選機

現在では一体化された機械も使われる。ふるいの網には数字によって網の目の細かさが示され、数字が大きいほど目が細かくなる。一般的には「圓篩機」は3目、5目、8目、「抖篩機」は3目、5目、9目、14目を組み合わせる。茶葉の状況によって異なる目のふるいを選ぶ。例えば「宮廷普洱」であれば、「抖ふるい」には9目を、「圓ふるい」には8目を組み合わせる。一級茶であれば、「抖ふるい」には5目を、「圓ふるい」には4、6目を使う。ふるいわけが終わった茶葉は等級を記して保管する。

2　揀剔（検査し取り除く）

「揀剔」は茶葉のなかの石、頭髪、粟など雑物を取り除き、普洱茶の品質の基礎とする。それぞれの茶は、少なくても3、4回は「揀剔」にかける。まず静電気の「揀剔機」により頭髪などの軽い雑物を除き、続いて「色選機」で石、木の枝、黄色に変色した茶葉など色のある雑物を取り除く。最後に3回の人間による検査を終えて終了する。

勐海茶廠《ちゃしょう》では一般に5回以上の揀剔を行い、茶葉の衛生管理方面は非常に厳格である。

3　拼配（ブレンド）

「拼配」（ブレンド）では2種類以上の異なる茶葉を比率によって組み合わせ、異なる産地、異なる生産年、異なる季節、異なる等級の茶葉を合わせる。簡単にいえば、その短所を補い、長所を伸ばし、その形、色、香り、味を高め、品質の特徴が多彩になる。茶葉のブレンドは、茶葉の性質と一致していなければならないのが原則である。ブレンドにより茶葉の性質は高められるが、性質には変化があってはならない。茶の産地の違い、茶摘みの季節の違い、等級の違い、初期の制造技術の違いにより、茶葉の形と質には違いがある。ブレンドにより原材料茶の各種の要素、性質の変化を把握する必要がある。現在ではこの原理によって多数の普洱茶の工場ではブレンドを行うが、それぞれの工場の原材料の倉庫保管量、ブレンドの技術の違いによりブレンド茶の品質には違いがである。

勐海茶廠の多くの茶製品は、「撒面茶《さつめんちゃ》」「心茶」「蓋茶」の3部分から作られている。「心茶」は、もっとも内側になるもので、茶の味を豊かにするため、がっしりとした茶葉を使う。蓋茶は、心茶を覆うもので、心茶よりも高級な茶葉を使う。撒面茶は、外見を整える茶葉で、細かく柔らかく質のそろった茶葉を使う。「撒面茶」「心茶」「蓋茶」は、数十号の等級の違う茶をブレンドしてできるもので、そのあとの発酵過程で、豊かな多層感を形成する。

4　称茶（茶をはかる）

称茶とは、水分基準と加工損耗率を参照し、ブレンドした原材料の水分の含量によって計算して茶の量をはかることである。普洱茶の水分は各企業のコントロールする標準に違いがあるが、一般的には、10～12％である。

5　蒸茶（茶を蒸して固める）

拼配（ブレンド）

機械による「圧茶」

「烘房」乾燥

蒸茶の目的は、茶葉を柔らかくし、押し固めて、レンガ形や円盤形に成形しやすくすることである。高温の蒸気はまた殺菌作用もあり、茶葉の安全性を高める。また高温の蒸気は品質の芳醇さを高める。

6　圧茶（茶を加圧して成形する）

茶葉が蒸気によって柔らかくなったのち、冷却前の茶葉を布袋にいれ、機械または石の加圧機で成形する。この過程は「圧茶」または「蒸圧成形」と呼ばれる。機械で圧力を加え、餅茶、沱茶、磚茶などの異なる形に応じて異なるプレス型を配備する。

7　解口袋（成形した茶を取り出して冷ます）

圧力を加えて成形した茶を袋から出す過程である。一般的には、圧力を加えたあと木枠の上で5分冷まし、形を整え熱気を飛ばしたあと、袋から出す。その後、広げて冷まし、熱気と水分を飛ばす。

8　乾燥

温めて乾かすという技術が常用される。乾燥の時間は、気温、空気の相対的な湿度、茶の種類及び各地の具体的な条件によって違いがある。一般的には、この作業を行う「烘房」の温度は70℃以内に調整され、高温による焦げ付きや水分を急速に失うことなどを避け、形が崩れることを防ぐ。

9　包装

押し固めて成形した普洱茶の包装は、伝統的な

伝統的な包装

ものと、現代的なものの2種類がある。

伝統的な包装は、綿紙（植物の靭皮繊維から作られる紙）を使い、外側は竹の皮、竹かごで包む。縛るのは麻縄や竹糸を使う。現代的な包装では、内側は綿紙、外側には紙袋や、紙箱を使う。一般的には6筒または4筒が1セットであり、1筒に7片が入る。包装はしっかりとしたものであることが必要で、運送の際にバラバラになったり崩れたりすることを防ぐ。運送や保管に便利なため紙の包装が次第に増えている。

内側の包装につかう綿紙（植物の靭皮繊維から作られる紙）は、普通の紙とは違い、繊維の含まれる量が多く、普洱茶の後期熟成に適している。内側の綿紙は茶の表面と直接に触れ合うため、商標の印刷などには、自然成分の墨水が使われる。すべての包装材料は、清潔で異臭がないことが必須である。

普洱茶は生産ののち、一定時間の保存が必要である。例えば3年から5年を経るうちに色と香りに変化があり、滋味と口当たりはさらに心地よいものになる。ゆえに保存も一つの加工プロセスである。

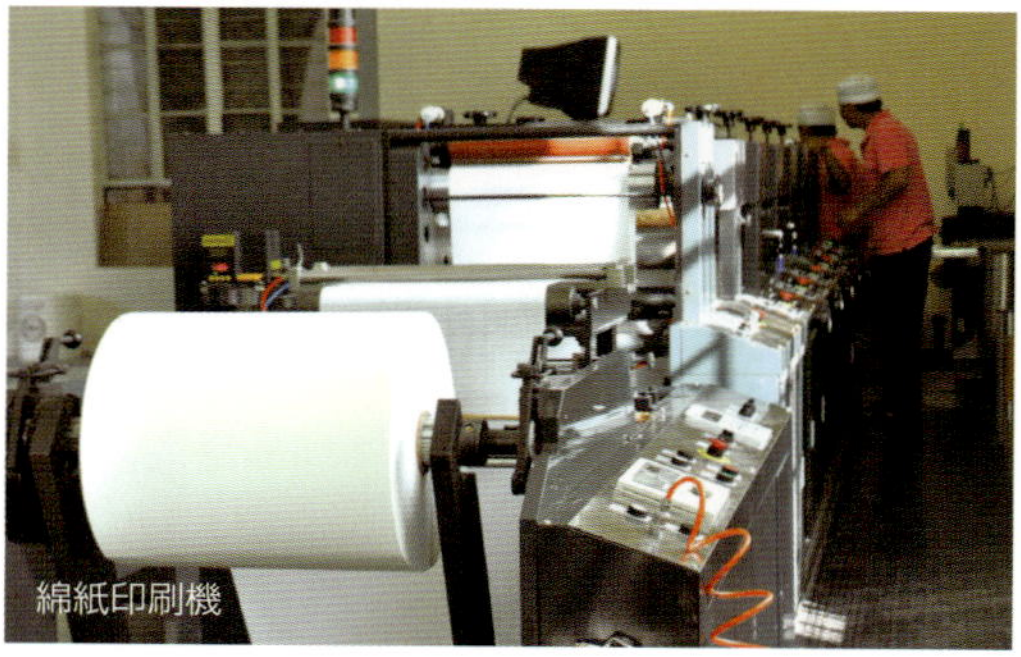

綿紙印刷機

普洱茶熟茶加工技術

普洱茶熟茶の加工の流れは、生茶と基本的には同じである。もっとも大きな違いは、発酵技術と潮水である。熟茶の加工の流れは以下である。

原料→発酵→篩分→揀剔→拼配→潮水→称茶→蒸茶→圧茶→退圧→乾燥→包装

発酵は熟茶の品質を決めるもっとも重要な点である。伝統的な普洱茶の加工の流れのなかに人工的な発酵の工程をいれ、茶葉の熟成の時間を大幅に短縮し、できるだけ早い時間で古い茶の風味を出す。

「人工発酵技術」（または「渥堆」とも呼ばれる）は1973年勐海茶廠で試みられ成功した新しい普洱茶の加工方法であり、有機物が微生物によって酸化し、エネルギーを放出する過程であり、それにより発酵の速度をはやめる。普洱茶の発酵には、発水→渥堆→翻堆《ほんたい》→攤涼→起堆《きたい》がある。

1　発水

普洱茶の発酵のため清潔で無臭、光のない発酵室が必要であり、温度は25℃以上に保たれ、相対的な湿度は85％以上である。

発酵室に原材料である茶を積み、清潔な天然の水をまく。水分は35～50％である。

2　渥堆

水気をきったあとの茶葉を積み上げることを指す。塊は大きくても小さくてもよく、一般的には3～18ｔである。高さは一般的には90㎝を超えることはない。

3　翻堆

茶葉の発酵の流れにおいて茶葉の温度は65℃を超えないよう調整される。ゆえにふさわしい時にかきまぜなくてはならない。それは通風作用にもなり、積み上げられた茶と空気が触れ合うようになる。

４　攤涼

40日前後の渥堆ののち、茶葉は紅褐色になり、香りが漂い、淹れた時の茶湯の色は濃い赤になり光沢を帯びる。この時の茶葉の塊には溝を掘る。

５　起堆

茶葉を広げて乾かしたあと（水分量は12〜14％）、通気性がある天然材料の容器のなかで封を閉じたまま保管される。湿度が高くならないよう注意しなければならない。相対的な湿度は、75％以下で茶の後期熟成しやすいようにする必要がある。

普洱熟茶の成形における独特の加工として潮水（または「潤茶」と呼ばれる）がある。熟茶は発酵により粘性が下降し、含まれる水分はやや少ないので、茶葉のなかに少量の水を加える必要があり、その茶葉に含まれる水分は25％ほどに達する。同時に潮水を終えた茶葉は薄く積んで４〜６時間置く。潮水の量は、茶葉の柔らかさや空気の湿度の高低により調整する。潮水のあと蒸気で蒸して押し固め、普洱茶にする。

そのほかの流れは生茶と同じであるため、贅言を要さない。

勐海茶廠の水源地である「源井」。操業開始以来、この井戸から汲みあげる水質の良い地下水を使い続け、製品に違いを出している。

人工発酵

……第二章……

ヘルシーな普洱茶

第一節　普洱茶の健康に良い成分

普洱茶の健康作用を知るには、まず茶に含まれる健康効果を持つ成分を知り、物質の作用のしくみを知り、最後に普洱茶の健康作用を理解する。普洱茶には生茶と熟茶があり、健康作用は似ているがまた異なる部分もある。両者の間の違いを知るのがもっとも肝要である。

普洱茶生茶の主な健康に良い成分

普洱茶の生茶および日光に晒した原材料茶のうち3大効能成分は、茶中のポリフェノール、カフェイン、テアニンである。ポリフェノールは、総体であり、そのなかには数多くの単体の物質が含まれる。カフェインとテアニンは単体物質であり、各物質の組み合わせにより健康効果が異なる。

1　茶ポリフェノール

茶ポリフェノールは、また茶のタンニンとも呼ばれ、茶樹の先端の新しい部分に存在する多元的なフェノールの化合物である。茶樹のなかにはカテキン、フラボン、フラボノイド類、アントシアニン色素など、ミコフェノール類がある。ミコフェノールおよびデプシドなどのポリフェノールおよびデプシドを除き、そのほかは、フェニル基とピラノースを主体とする結合であり、フラボン類と総称される。

茶ポリフェノールは主に茶の苦味と渋みとなりミコフェノールは爽やかな口当たりとなる。

茶ポリフェノールの組み合わせの茶葉のなかにおける含有量は大きな差異があり、ポリフェノールのなかでは、カテキンがもっとも高く、フラボノイド類、アントシアニン色素、ミコフェノールなどの含有量は、茶葉の乾燥物質中の5％にもならない。

茶中のポリフェノール

フラボノイド（カテキン）　12―24％
フラボン類　3―4％
アントシアニン色素類、ロイトアントシアンジン　1―2％
ミコフェノール、デプシド　5％

ポリフェノール類は、茶樹の内部に散らばっており、主に茶の先端の新しい部分の成長が著しい部分に集中し、古い葉、茎、根などには含有量は少なく、そこには非エステル型カテキンのL―EC、DL―Cがある。茶樹の先端の新しい部分の発育程度によってカテキンの含有量および組成は大きく異なる。特にEGCG（エピガロカテキンガレード）、EGC（エピガロカテキン）およびECG（エピカテキンガレート）の変化は顕著である。EGCGおよびECGは生育程度が増すにつれ含有量が次第に減り、逆にEGCは増加する。

雲南大葉種の茶の茶ポリフェノールの含有量、およびカテキンの含有量は、中小葉種の茶より高く、特にEGCGおよびECGのエステル型カテキンの含有量は、明らかに小葉種茶より高い。
茶中のポリフェノールの主な健康効果は、抗酸化、フリーラジカルの除去、抗癌、抗放射線、抗菌、消炎、抗ウイルスなどである。

2 カフェイン

普洱茶のなかのカフェインの含有量は、地域、茶樹の品種、茶樹の部位によって差異が生まれる。一般的には、普洱茶のなかのカフェインの含有量は、2.5%~5.0%である。若く柔らかい葉のなかの含有量は、古い葉よりも多く、種子や根にはカフェインは含まれない。柔らかく新しい茶樹の先端の裏側にある細い毛には、非常に高いカフェインが含まれる。

カフェインは、普洱茶の滋味を成す重要な物質である。茶を飲むと元気がでて興奮し疲れが取れるのは、カフェインが人体の中枢神経を興奮させるからである。カフェインは、水溶性で湯に溶けやすいため、茶のなかのカフェインは、その大部分が茶湯のなかに抽出することができる。

茶湯のカフェインの味は苦味であり、生茶は発酵過程を経てもカフェインの含有量が少なくならないが、構造が変化するため苦味が消える。

カフェインの重要な健康効果は、元気をだし、痛みを鎮めることである。

3 テアニン

テアニンは、茶樹のなかの独特のアミノ酸であり、神経系統に特殊な健康効果があるため広い範囲において医薬に使われる。

自然界に存在するアミノ酸は、総じてL型アミノ酸であり、また別の名をグルタミン酸エチルアミンという名称で呼ばれる。L—テアニンは、茶葉のなかでは特有の成分であり、茶葉のなかの含有量がもっとも多いアミノ酸であり。(一般的には茶葉のなかの遊離アミノ酸の40%以上)、乾燥させた茶の質量の1%~2%である。テアニンは、茶樹の根の部分で合成され、枝を通って葉に運ばれ、葉のなかで転化する。茶樹の生理機能において、テアニンは窒素の運搬作用を担う。

テアニンは、茶湯のなかで爽やかさと甘みとなり、健康効果は、神経系統の保護、情緒の調整、血圧降下、鎮痛などである。

普洱熟茶の主な健康に良い成分

普洱熟茶の健康効果を持つ成分は生茶よりやや少ないが、その効果は明らかである。健康作用のある主な成分は以下の通りである。

1　没食子酸《もっしょくしさん》

没食子酸は、茶ポリフェノールのミコフェノールの一種であり、生茶のなかには大量の没食子酸素が存在し、水によって没食子酸を形成し、それは茶湯のなかで爽やかな味わいとなる。

没食子酸の健康への効果は、腸のなかのコレステロールの吸収を減らし、抗菌、抗ウイルス、抗腫瘍、「傷寒病」（中医学における外感発熱症状の総称）の主な薬物成分である。

2　テアフラビン

テアフラビンは、茶ポリフェノールのなかのECとEGCが酸化作用を経て形成する大分子物質であり、茶葉のなかの柔らかな黄金とも呼べる。紅茶、普洱熟茶のなかに大量に含まれ、茶湯の味わいを深め爽やかにする。

テアフラビンの主な健康効果は、腸のなかのコレステロールの吸収および、人体のコレステロール形成をおさえ、脂肪肝、アルコール肝、肝硬変を予防することである。

3　テアルビジン

テアルビジンは茶のテアフラビンの酸化により形成される大分子物質で、紅茶と普洱熟茶のみに大量に含まれる。茶湯のなかで美味となる。

テアルビジンの主な健康効果は、フリーラジカルの除去と抗老化である。

4　茶褐素

茶褐素は、テアルビジンの酸化により形成され

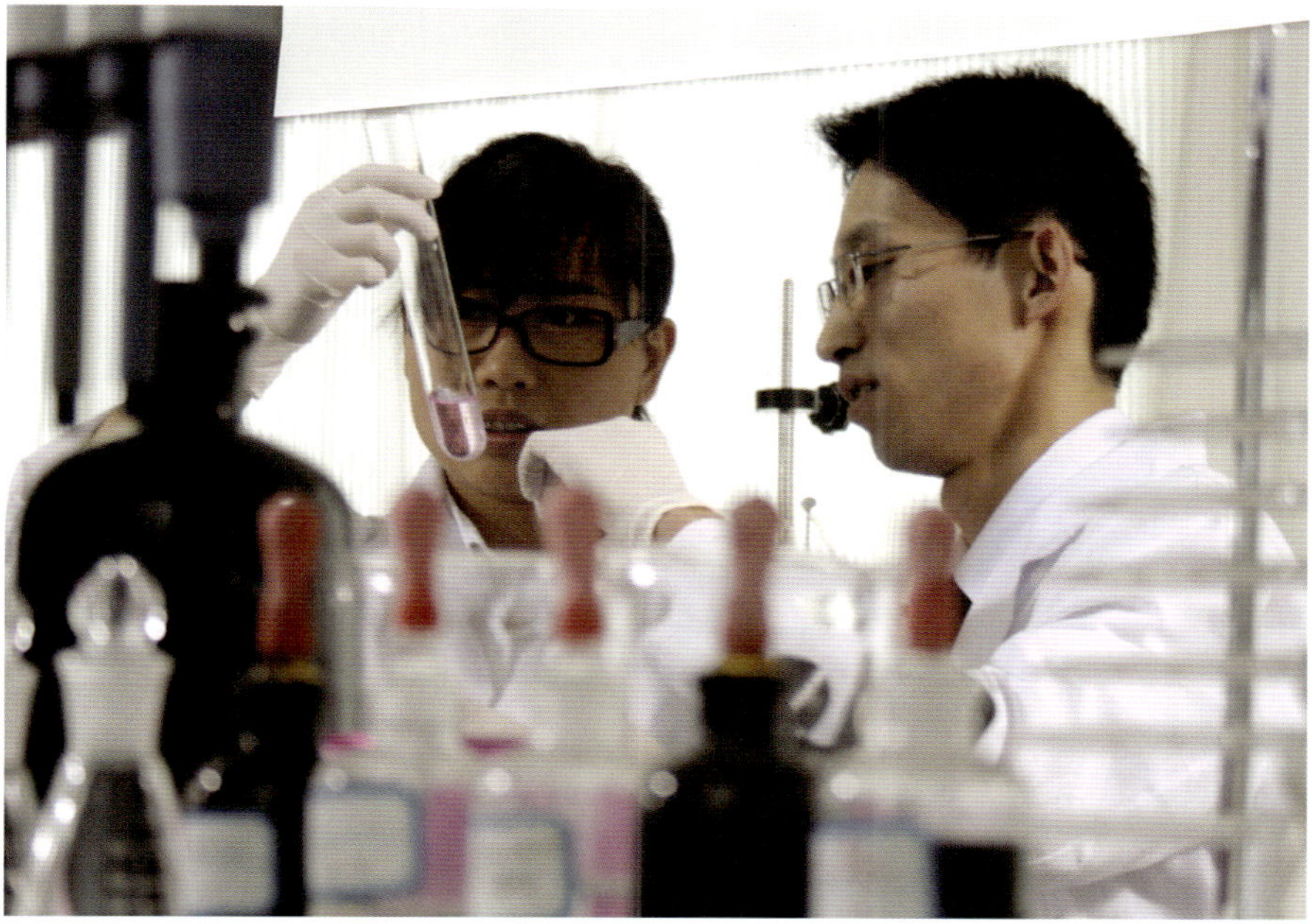

る複雑な大分子物質で、紅茶のなかの茶褐素と異なり、紅茶のそれよりもずっと複雑である。主に、多糖類、タンパク質、核酸、ポリフェノール類を含み、茶湯のなかで濃厚な味わいとなる。

茶褐素の主な健康効果は、Ⅱ型糖尿病の予防および治療、肥満性糖尿病の予防および治療である。最大の作用は腸のなかの毒素を除くことである。

5　ペクチン

茶葉のなかのペクチン質は、茶葉の細胞の間にある主要な物質であり、それは定型のない膠質で、強い親水性をもち、粘着性がありながら柔軟で、他の細胞とつながることができる。茶葉の揉捻の流れにおいて細胞が砕かれ、ペクチンが出る。

茶葉のなかのペクチンは、原ペクチンと水化ペクチンに分かれ、原ペクチンは、晒青茶の原料のなかにより多く含まれ、その後の発酵の過程においてペクチン酵素の働きにより原ペクチンは水化ペクチンとなり、茶湯の滑らかさを増す。

ペクチンは食品のなかで、凝固剤、増粘安定剤、ゲル

化剤、乳化剤、増香増効剤として使われ、また化粧品にも使われる。
ペクチンの主な健康効果、皮膚を保護し、紫外線を防ぎ、傷口を直し、美容美顔効果がある。最大の効能は、胃に保護膜を作り、外から入る物質の刺激から胃を守る。

6　多糖類

茶中の多糖は一種の酸性糖タンパク質であり、多くのミネラル元素と結びつく。茶葉多糖複合物といい、略称は茶葉多糖または茶多糖（Tea Polysaccharide）。主なタンパク質は、20種のよく見られるアミノ酸から、糖の重要な部分は、アラビノース、キシロース、フコース、ブドウ糖、ガラクトースなど、ミネラル元素は、おもに、カルシウム、マグネシウム、鉄、マンガンなどと、少量および微量のレアアース元素などで組成される。

茶多糖は茶葉の主要部分の分布には規則性があり、古い葉＞若葉、熟茶＞生茶である。

茶多糖はコレステロール降下、免疫力増強、血圧降下、冠動脈の血液循環の促進、凝血、血栓の防止、酸欠防止などの効果がある。近年では、茶多糖類は、糖尿病の治療に効果のあることが発見されている。

7　ロバスタチン

ロバスタチンは、1980年代に発売された新型コレステロール調整薬であり、独特の治療効果から、疾病治療上の大きな進歩とされ、多くの患者に歓迎されている。

ロバスタチンは、おもにベニコウジなどの酵素の作用によって生成される。普洱熟茶の保存年数が長ければ長いほど含有量が増すが、その理由は、発酵の規模が増すほど含有量が増えるからである。

ロバスタチンの主な健康効果は、冠動脈性心疾患を治療し、コレステロールの形成を抑制し、強い血中脂質降下作用がみられる。

8　γ―アミノ酪酸（GABA）

動植物の体内に広く分布する。植物では豆属、中国医学の植物生薬の種子などにみられ、根茎と組織液のなかに広くGABA（γ―アミノ酪酸の略称）が分布する。動物の体内では、GABAは神経組織のなかに存在し、脳組織のなかにはおよそ0.1―0.6㎎／g組織あたりが含有される。免疫学の研究によればその濃度のもっとも高い部分は大脳の黒質である。GABAは現在研究が深められている一種の抑制性神経伝達物質であり、多くの代謝活動に関わり、生理活動を活発にする。

普洱熟茶は後期熟成を経て、GABAの含有量が増加する、

主な健康作用

① 神経の鎮静、不安の緩和

医学者は、GABAが中枢神経系統の抑制性伝達物であることを証明しており、それは脳組織のなかのもっとも重要な神経伝達物質である。その作用はニューロンの活性を低下させ、神経細胞の過熱を防ぐ。GABAは抗焦燥の脳内物質と結び

つき、それを活性化させ、そのほかの物質と共に焦燥に関わる情報が脳の指示中枢に届くのを阻止する。

②血圧降下

GABAは脊髄の血管運動中枢に作用し、血管の拡張を促進し、血圧降下作用の目的を達成する。報道によれば、黄芪《こうき》（キバオオウギ）などの植物性生薬の血圧降下作用成分はすなわちGABAであるという。

③血中アンモニア濃度降下

我が国の臨床医学者および日本の研究者は、GABAはグルタミン酸の脱カーボン反応を抑制し、血中アンモニア値を降下させるという。より多くのグルタミン酸とアンモニアを結合させ尿素を形成して体外に出し、アンモニアの毒を除き、肝機能を増強する。GABAの吸収により、ブドウ糖リン酸エステルの活性を増し、脳細胞を活性化させ、脳組織内の新陳代謝と脳細胞の回復降下があり、神経機能を改善する。

④脳の活力をあげる

GABAは脳内の三価カルボン酸の循環に入り、脳細胞の代謝を促し、ブドウ糖が代謝時のブドウ糖リン酸エステルの活性を高め、アセチルコリンの生産を増加し、血管を拡張し血流量を増やす。また血中アンモニアを減らし脳の新陳代謝を促進し、脳細胞の機能を回復する。

⑤アルコールの代謝を促進する

飲酒者を対象に、GABAを服用させ、その後60mlのウイスキーを飲ませ採血、血中のアルコールおよびアセトアルデヒドの濃度を測定したところ、服用者は明らかに非服用者より低かった。

⑥そのほか

最新の研究では、GABAは皮膚の老化を防ぎ、体臭を消し、脂質の代謝を改善し、動脈硬化を防ぎ、ダイエットなどにも効果がある。

実際のところ、茶葉のなかのGABAのもっとも強い健康効果である。

第二節　普洱茶の健康作用

普洱生茶の主な健康作用

普洱生茶に含まれる成分は緑茶と似ているが、含有量は緑茶を上回る。ゆえに生茶は健康に良い飲料として際立っている。

1　抗酸化作用

普洱茶の抗酸化作用は主に2点がある。

①普洱茶には雲南大葉種茶を使うが、大葉種茶のポリフェノール含有量は、あきらかに小葉種茶のそれを上回るので、加工後の普洱茶のポリフェノール含有量は、そのほかの小葉種茶より多い。茶ポリフェノールは、多くのフェノールカルボキシルを含み、強力な還元作用があるため、細胞内のフリーラジカルと酸化還元反応が進み、ゆえにフリーラジカルを除き抗酸化作用を成す。普洱熟茶は、渥堆ののち、茶ポリフェノールの含有量が減るが、それはポリフェノールが酸化され茶褐色素など同じように抗酸化作用をもつ大分子物質になるからである。

②抗酸化酵素は、細胞のなかの抗酸化作用において重要な役割を発揮する。その活性の中心は微量元素で、例えばグルタチオン酸化物の活性の中心は、セレンである。茶樹はその成長の過程で大量のセレンを吸収し、それを茶葉のなかに蓄える。普洱茶の微生物による発酵過程を経て、この

ような微量元素は人体に非常に良く吸収され、その細胞自身の抗酸化作用を高める。

2　抗放射線作用

普洱茶の抗放射線作用は、多種類のフリーラジカル除去成分による。それは茶ポリフェノール、茶多糖、茶タンパク質、ビタミン類などである。普洱茶は、Co-γ線の放射に一定の防御保護作用があるが、放射線による損傷を修復する作用はない。これは茶ポリフェノールが、放射線によって引き起こされる免疫細胞の損傷を緩和し、損傷を受けた免疫細胞と白血球の回復を促進し、骨髄細胞の放射線による損傷を防ぐものである。茶糖類は、放射線損傷に対する明らかな抵抗作用があり、造血機能を守る。

3　抗癌作用

普洱生茶の抗癌作用は主に4つの方面がある。

1つ目は、普洱茶の含む茶ポリフェノール、多糖類が、ある波長の放射線を吸収し、放射性物質による細胞の損傷を防ぐ。

2つ目は、普洱茶を飲用するにあたり、普洱茶の多糖、ポリフェノール類、および食物繊維が食道のなかの重金属と結びつき人体の吸収を防ぐ。また茶湯が体内の亜硝酸塩を還元して硝酸塩にし、人体への危害を弱める。

3つ目は、生茶のなかのEGCGががん細胞の正常な成長と転移を抑制する。

4つ目は、多くのがん細胞の形成は、組織、器官の細胞が傷つき、選択透過性の機能を失い大量の癌物質が細胞内に入り、細胞を癌化させることによる。普洱茶に含まれる大量の抗酸化物質は、細胞を酸化から守り、この種の原因による癌化の発生を低下させる。

4　神経を安定し知能を高める

普洱茶に含まれる多量のテアニンは、人間の心情をリラックスさせ、鎮静し、またテアニンのこれらの作用は、不安になりがちな人によりよい効果があり、うつ病に一定の作用がある。普洱茶の

アミノ酸は、人の記憶力と学習能力を高める。アミノ酸は脳の中のドーパミンを解き放ち、脳内のドーパミンの生理的活性を高める。ドーパミンは、脳神経細胞を活性化させる中枢神経伝達物質であり、その生理的活性は人の感情の状態と密接な関係がある。長期にわたって茶を飲用すれば、ドーパミンの神経への刺激を増加し、大脳の外界に対する記憶力を高めることができる。

5　抗菌抗ウイルス作用

普洱茶には抗菌作用がある。

茶ポリフェノールには、広い範囲にわたっての抗菌作用があるだけでなく、各種の疾病と各型のマラリア桿菌への抗菌作用がある。効果は黄連《おうれん》にほぼ匹敵する。サルモネラ菌、スタフィロコックスアウレウス、乙型溶血性連鎖状球菌、ジフテリア菌、炭疽菌、変形桿菌、緑膿桿菌などに対し抑制効果がある。同時に胃腸炎ウイルス、甲型肝炎ウイルス、甲、乙型流感ウイルスなどに対し比較的強い抗ウイルス作用がある。

茶ポリフェノールは、乳酸菌、ビフィズス菌などの有益な微生物に対して抗菌作用はなく、体内の微生物の状況を改善する。茶サポニンは、皮膚病を引き起こす真菌および大腸桿菌に対し抑制作用がある。普洱茶のポリフェノールは、手足疥癬の糸状菌に対し特に効果がある。

普洱熟茶の主な健康作用

普洱熟茶は発酵茶であり、発酵の流れにおいて大量の健康に良い成分がつくられ、質と量において絶対的な優位にある。ゆえに普洱熟茶の健康効果は際立っている。主な効果は以下の通りである。

1　血圧降下

血圧上昇の原因の1つ目は、日常の飲食において栄養の合理的組み合わせに注意を払わず、血中のコレステロール、血中脂質などが増加し、血液の粘度が高まることにより血液の流れが遅くなり、血管の壁に蓄積し、血管の壁が厚みをまし、血管が細くなり血管への圧力が増加することである。2つ目は、血管壁の細胞筋肉が損傷をうけ、血管の壁が固くなり、血液の流通がスムーズでなく血圧が高まることである。血圧の上昇は直接的に心臓の負担を高める。心臓が長い間にわたって高圧で動くことにより心臓病などの疾病を引き起こし、深刻になれば心臓発作を起こし、死に至る。

普洱茶の血圧降下作用は主に以下の通りである。

① 長期にわたって普洱茶の飲用、特に食後の飲用を続けると、茶湯のなかの食物繊維および大分子物質が食物のなかのコレステロールや脂質物質を包み、腸におけるその吸収を下げる。そして血中の外来性のコレステロールおよび脂質の増加を改善し、血液の粘度を下げる。

② 肝臓で合成され胆嚢から分泌される胆汁酸は、腸のなかで脂肪およびコレステロールを分解し、コレステロールを容易に吸収させる。茶湯のなかの多糖類は、胆汁酸と反応し肝汁酸塩を生成して糞便とともに人体から排泄し、胆汁酸のコレステロールと脂肪の吸収作用を下げる。

③ 胆汁酸は体内のコレステロールから生成されるため、間接的に体内からコレステロールを排除する。血液のなかのコレステロール濃度を下げることにより血液の循環速度を速め、高血圧の率を減少する。

2　血中脂肪降下

普洱茶は単純に血中脂肪を下げるのではなく、血中脂肪をよりよく調整する効能もある。

まず、茶湯中の茶ポリフェノールおよびペクチンは、胃腸の中でコレステロールおよび脂質と結合し、吸収を妨げ、また腸のなかの胆汁酸の含有量を降下させる。

次に、普洱熟茶のなかの多糖類は、血液中のコレステロールおよび超低比重リポタンパクコレステロールの含有量を降下させる。この一連の血液中の脂肪調整作用は、血中脂肪の比率を正常に戻し、血中脂肪のバランスを保つ。

最後に、熟茶のスタチン類は、コレステロール合成過程におけるもっとも鍵となる酵素の競争性抑制剤であり、体内で生成されるコレステロールを降下する。

3　血糖降下

①普洱熟茶のポリフェノールと食物中のブドウ糖が結合することで、ブドウ糖の吸収率を下げ、血糖の急速な上昇を抑え、血糖が巡ることによって圧力を下げる。

②多糖類は血糖降下の効果があり、それには3つの理由がある。1つ目は多糖類は膵臓の細胞、特に膵臓のβ細胞を保護することである。膵臓のβ細胞は、インシュリンの主要合成細胞であり、膵臓のβ細胞の機能が完全であることが血糖を降下できる前提である。2つ目は多糖類は、体のインシュリンに対する敏感性を高め、血糖値が上昇すると同時に、血糖低下反応をおこすことであることである。3つ目は、多糖類はグリコーゲンの含有量を高める。グリコーゲンは、血糖から生成されるものであり、グリコーゲンの含有量の上昇は、血中の血糖の蓄積を減少させ、血糖降下に作用する。

4　胃腸機能の保護

普洱熟茶は性質がやさしく、胃腸機能を保護する。主には以下である。

①普洱茶の多くの微生物酵素が胃タンパク酵素の分泌を促進する。

②普洱茶のカフェインなどが消化道の蠕動《ぜんどう》を促進し、消化を助け、胃腸を保護する。

③普洱茶のコクと滑らかさの品質成分であるペクチン成分が人体の胃腸に保護膜を形成し、普洱茶を長期にわたって飲用すると胃腸の保護作用となる。

④普洱熟茶の中の多糖類は腸のなかのビフィズス菌や乳酸菌を養い、腸の吸収を助ける。

5　美容美顔効果

普洱熟茶の豊かな二重らせん構造大分子と大量のアミノ酸および不飽和脂肪酸は美容美顔におい

ても独特の良い作用がある。

①熟茶のなかの茶紅素は、フリーラジカルを除くことによって抗酸化作用を促進し、老化の速度をゆるめる。

②熟茶の大分子物質である茶褐素は、腸の毒素を除き、皮脂腺の分泌を減少し、養顔効果がある。

③熟茶のなかに残る茶ポリフェノールは、皮膚の表面の油をクリーンにし、毛孔を縮小する。また細菌消毒作用があり、皮膚の老化に抗する。

④熟茶のなかのアミノ酸と不飽和脂肪酸は皮膚の弾力を増加し、細胞の活力を強化し、老化を防ぐ。

第三章

大益普洱茶

第一節　大益グループについて

大益茶業グループ

大益茶業グループは、現在、中国における屈指の大型茶業グループであり、グループの母体企業は、「雲南大益茶業集団有限公司」であり、グループ傘下には、勐海《モンハイ》茶廠《もうかいちゃしょう》（勐海茶業有限責任公司）、東莞《とうかん》大益茶業科技有限公司、北京皇茶茶文化会所有限公司、北京大益餐飲管理有限公司、江蘇宜興益工房《ぎこうえきこうぼう》陶磁工芸品有限公司、大益茶道院、大益愛心基金会などの成員企業があり、国内外で「大益」のブランドの栄誉を得ている。

グループの成立以来、「健康に貢献し、調和を創造する」ことを使命とし、「ウィンウィン」を順守し、「創造と価値の分かち合い」を発展の原則とし、「ひたすらに良い茶を作る」という制茶精神を受け継ぎ、全世界の消費者に高い品質の茶と茶のある生活のサービスを提供し、また中国の茶業を国際レベルに発展させることに力を尽くし、中国の優れた茶文化を唱導している。

茶商品と関連するサービスの専門的なサプライヤーとして、大益グループは継承を基本に、開拓発展を血脈に、心による制茶を、誠による茶事業をなし、常に超越をめざし、規範となる。

「大益ブランド」の普洱茶を代表とする多くの商品は、総じて国家環境総局の有機食品発展中心が認可する「有機（天然）商品証書」を得、国際、国家、部省レベルの金銀賞を受賞しており、またユーロ国際有機認証を通じて、日本、韓国、マレーシア、ヨーロッパ、北米などの国家および、香港台湾地区に販売している。「大益茶制茶技芸」は2008年、国家レベル無形文化遺産リスト入りしている。2011年、大益グループは正式に広州2011年アジア競技大会と契約し、茶葉商品のサプライヤーとなり、それは中国の茶企業として初の大型の国際的なスポーツ競技会へのスポンサーとなった。同年11月、大益グループは、批准を得て、勐海茶廠に茶業界として初のポストドクターの科学研究ステーションを設立し、茶学の博士を同ステーションに招き入れ、研究を開始した。2011年、「大益」ブランドは、国家商業部（省）の正式の認可を経て老舗を表す「中華老字号」と「中国馳名商標」を獲得した。大型の茶文化ブランド推進活動である「大益嘉年華」は2011年より3回、成功裏に開催されており、トレンディで健康な茶の旋風により中国を席巻している。今日、「大益」は優れた茶の商品と健康で質のたかいライフスタイルを代表している。

　また同時に、大益グループは、一貫して積極的に企業の社会的責任を実践しており、数年来、大益愛心基金会およびその公益組織により社会の公益事業の各項目への寄付は億元単位に近づき、全国の益友であるボランティアは社会に60000時間あまりの公益活動時間で貢献している。「惜茶愛人」の精神に基づいて社会に恩を返すことは、大益企業およびすべての大益の職員の心の底からの望みである。数代にわたり茶人たちは貢献を強く望み、70年あまりの積み重ねを経て業界の雄となり、大益グループは中国の茶産業の成長とともに歩み、ともに大きく成長している。

勐海茶廠

　勐海茶廠は、大益茶業グループの核心である成員企業である。それは茶樹が生まれた地、また有名な普洱茶の原産地である風光明媚なシーサンパンナ（西双版納）傣《タイ》族自治州勐海県の境内にある。1938年、中華の茶産業を振興するため、フランスのパリ大学を卒業した範和鈞氏と、清華大学を卒業した張石城氏は、全国各地からの90人あまりの茶葉技術者を勐海（旧称

勐海茶廠

仏海）に集めて茶工場を建て、１９４０年に正式に成立させた。

勐海茶廠は、雲南の歴史においてもっとも古い専門化された茶葉の生産企業である。勐海茶廠は、原料の栽培から加工、販売までを一体化した総合企業となり、生産する「大益」ブランドの製品は、普洱茶、紅茶、緑茶など多くのシリーズがあり、数百種類にもなる。現代的な普洱茶の発展過程に不可欠な役割を果たしている。普洱茶の人工的な後期発酵熟成技術の研究開発機関の1つであり、この技術をもっとも早く応用した勐海茶廠は、長期にわたってその進んだ茶の制造技術と技によって普洱茶の産業的発展をリードしてきた。

勐海茶廠は現在では全国屈指の普洱茶生産企業となり、2万ムー（667㎡）のグリーン生態茶葉栽培基地—巴達《はたつ》《バーダー》基地および布朗《ふろう》《プーラン》山基地—を所有している。また各郷、各鎮に広く茶葉購入組織と初期制造所をもち、また比較的強い研究開発能力により、一定規模の発展の時期に入っている。

普洱茶の大部分を担うメーカーとして、勐海茶廠は「大益」ブランドの普洱茶を最高の商品として継承し、国内外の消費者に好評を博している。なかでも7572と7542は、普洱茶の古典的商品となり、円盤形に押し固めた普洱茶の熟茶と生茶の品質鑑定をする際に基準となっている。

雲南七子茶の生産の推進、および現代的な普洱茶の人工発酵の大きな成功により、勐海茶廠は、現代的な普洱茶の発展に卓越した貢献をしている。

「大益」ブランド普洱茶は、普洱茶業界において突出した商品と著名なブランド商品として、数十年普洱茶の古典的商品の代表として敬われ、無数の茶人が競って購買する貴重品となっている。

「大益」ブランドの使用開始

「大益」ブランドの商標は、1989年6月10日、勐海茶廠により登記され、専有権を獲得した。「大益」ブランドは勐海茶廠の重厚な歴史を継承し、ひたすらによい茶を作る精神とプロフェッショナルな制茶の神髄に基づき、「大益」ブランドを打ち出す日を迎えた。その受け継がれる伝統、優れた品質、思いやりに満ちたブランドの遺伝子は広く消費者に愛されている。

1　「大益」ブランドの解釈

茶は健康の飲料であり、そのエコロジカルな生態環境と多くの人体に有益な物質により、21世紀の天然飲料という栄誉を得ている。これは身体の「益」である。

茶は文明的飲料であり、心と品性を養い、智慧を啓発する媒介である。これは精神の「益」である。

茶は、調和の飲料であり、雅俗がともに味わうことにより、人と人の間に友好が生まれ、文明が行きかう橋となる。これは交流の「益」である。

2　核心的価値観

誠と信を堅持し、ともに成果を促し、創新を求め、責任を積極的に担う。

3　「大益」商標の歴史的継承

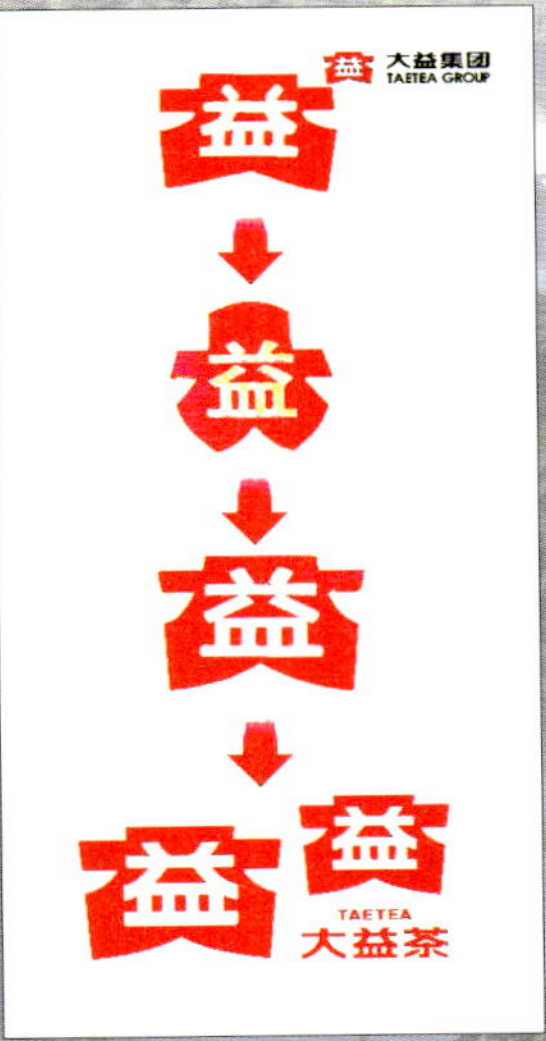

「大益」商標の変遷

第二節　大益普洱茶の価値

大益茶の独自の価値は「OTA」という言葉に集約される。すなわち産地の価値（Origin,O）技術の価値（Technology,T）および年月の価値（Age,A）である。具体的には以下の通りである。

1　産地の価値（Origin,O）

勐海茶廠は、茶樹の生まれた地、また有名な普洱茶の原産地である風光明媚なシーサンパンナ傣族自治州勐海県の境内にある。勐海茶廠は、優れた材料を広く占有し、大益茶の産地の価値を形成している。

古茶園の肥沃な土壌

勐海は、雲南省の南部に位置し、シーサンパンナ傣族自治州に属し、北側は、「東方のドナウ川」と呼ばれる瀾滄《らんそう》江（メコン河）に接し、南はミャンマーの山水に連なる。中国からミャンマー、タイおよびすべての東南アジアに向かう便利な陸の港である。勐海の民族文化は多彩で、傣族、ハニ族、ラフ族、ブーラン族、ワ族、漢族など23民族が住み、全国においてブーラン族のもっとも多いエリアである。勐海は、世界の茶樹の発祥の地の1つで、雲南大葉種茶の発祥の地、また世界的に有名な現代普洱茶の発祥地と中心的生産地である。勐海巴達大黒山には1700年の樹齢の野生大葉茶樹があり、南糯山《なんださん》には800年の歴史の人工栽培の茶樹がある。約5万ムー（1ムーは667㎡）の古茶園と30万ムーの良質な茶園により、勐海は中国の現代茶業の重要な地位を占める。

勐海の産地の価値は、地理的要素と気候的要素の2方面がある。地理的要素には、海抜、地形、土壌が含まれ、気候的要素には、陽光、温度、水

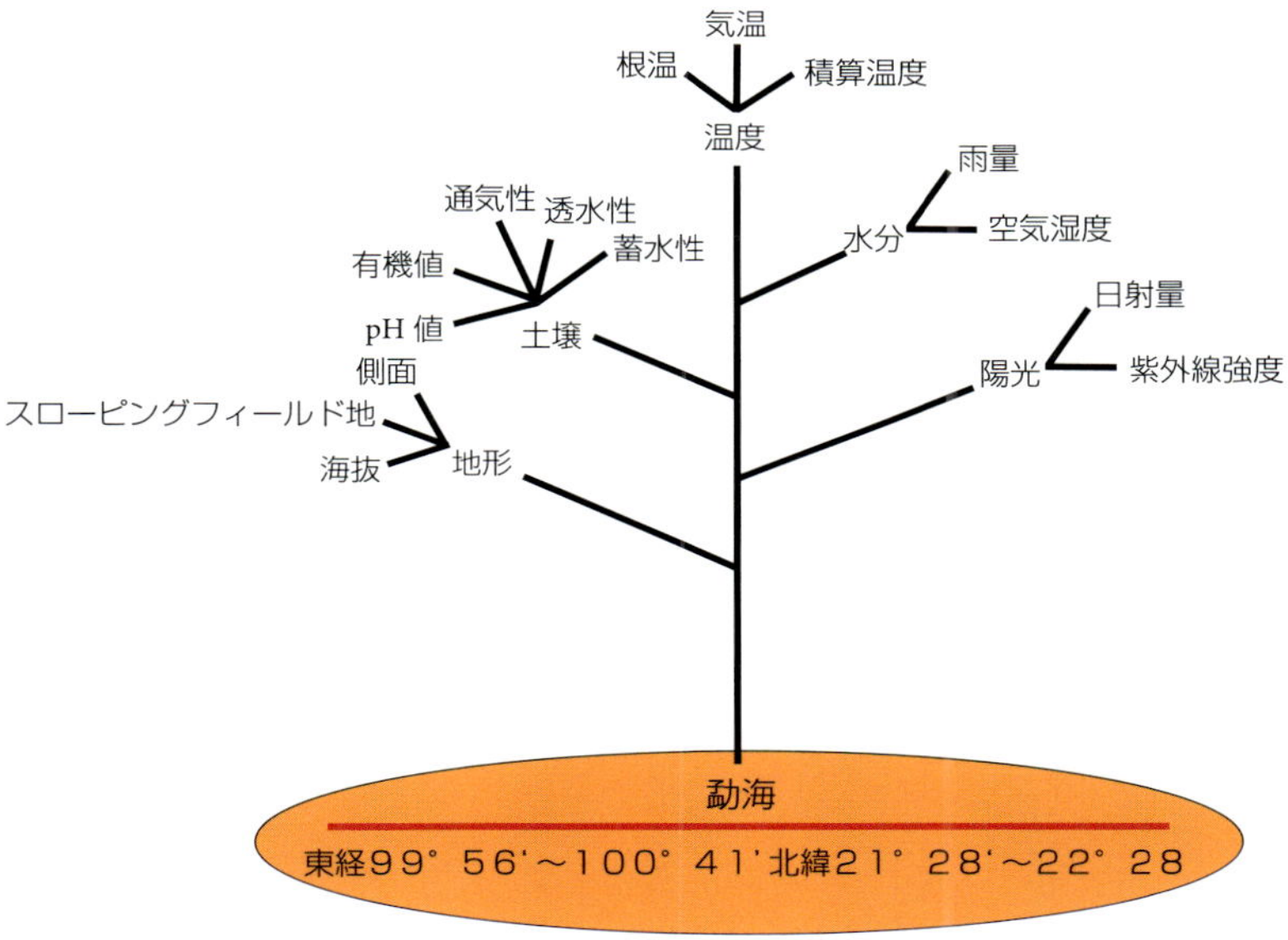

産地の価値

分が含まれる。勐海の平原区の海抜は1100m以上で、山はさらに高く、生産される茶はすべて高山茶になる。勐海は、全地域が我が国の7大火山帯の1つ、ガンディス山脈——騰衝《とうしょう》火山に属し、岩層の土壌は、火山沈殿物が変質した岩で、沈殿物には植物の生長に有利なケイ酸塩成分がある。この地理学では「原始土壌」といわれる土壌は肥沃で、勐海には有機物の含有量が多い弱酸性の砂地の土壌が多く、これらの火山堆積物により生成された弱酸性有機土壌は、70%以上のpH値が4.5－5.5（茶葉にもっとも適したpH値）の間で、有機物の含有量は、平均3.6%を上回る。活性カルシウムの含有量は0・15%を下回る。土質は相対的にサラっとしていて通気性が良く、透水性と蓄水性のバランスがよく、茶樹の成長にもっともふさわしい。このほか、火山帯は独特の地形、地表を形成する。このような世界的火山帯の磁化帯地理条件は茶樹の成長に非常に好条件である。

勐海の気候は非常に優れ、冬に酷寒はなく、夏に酷暑はない。年平均気温は18・7℃、年平均日照時間は、2008時間、年平均降雨量は、1341㎜、霜期はわずか32日前後であり、「もっとも居住にふさわしい真の春城」という栄誉を得ている。1日の温度差ははげしく、1年の温度差は少ない。作物が成長する期間の積算温度は高く、発育期は長く、特に茶樹を含む各種の植物と農作物にふさわしい。勐海は山原の地形で、雨水の多さから地区の年平均霧日数は、107・5～160・2日である。濃霧は紫外線をじゅうぶんに屈折させ、茶葉のなかに酸素を蓄積させ多くの成分を形成させる。

勐海の山水の豊かさが良い茶を育む。

2　技術の価値 (Technology,T)

2008年、「大益茶制作技術」は第2次国家無形文化遺産リストに登録された。これは国家勐海茶廠の数十年の創造、継承および蓄積された優れた技術と技に対する認可である。「大益茶制作技術」は内容に富み、そのもっとも中核的な技術は、「拼配（ブレンド）技術」と「発酵技術」である。

ブレンド技術は、異なる産地、異なる等級、異なる生産年の原料茶をブレンド案に応じて混ぜ合わせ加工することで、これにより長所を伸ばし、短所を補いバランスをとり、茶葉の色、香り、味、形を標準にそろえるだけでなく、商品の質量の安定性と統一性を保証し、より特徴の際立つ商品を生産する。ブレンドは茶葉の精製加工の流れのなかで、もっとも重要な過程の1つである。ブレンド技術の意義は、1つには、マーケットが必要とする製品の個性を際立たせることであり、もう1つは、製品の品質の安定性を保障することである。それは、大益普洱茶が優れた製品とブランド力を持つ重要な要素の1つである。

普洱茶の発酵技術は3代のプロセスを経ている。第1代発酵技術は、自然発酵を指す。第2代発酵技術とは、人工「渥堆」発酵技術を指す。勐海茶廠は、この技術を研究開発した工場の1つであり、もっとも早期に応用した。この先進的な熟茶の技術と技で普洱茶産業の発展をリードしてい

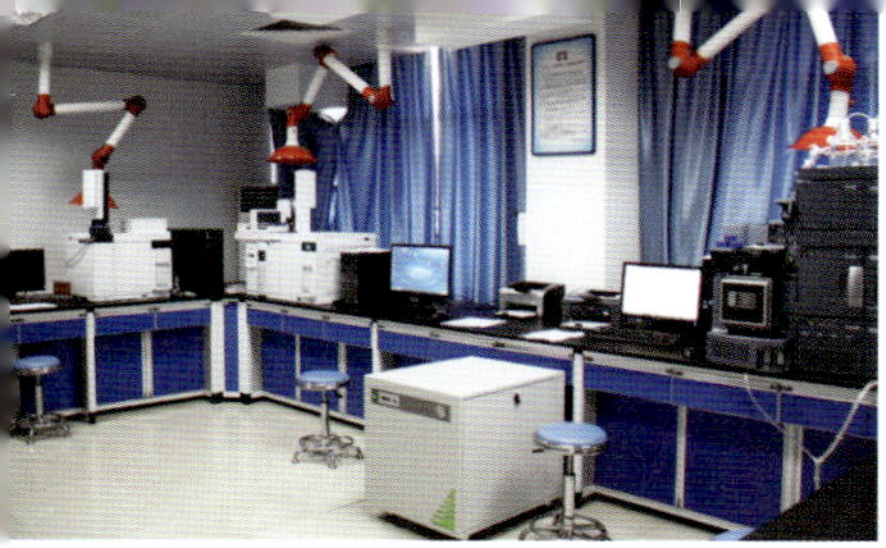

る。独特の発酵技術に加え、勐海地区での普洱茶の発酵にもっとも適した温度、湿度などの地理的条件、および勐海茶廠の独特の水質、数十年にわたる独自の微生物生息区が大益茶の独特の口当たりを生み、業界と消費者に「勐海味」として評価されている。

第3代発酵技術は、第1代、第2代の技術を応用し、「勐海味」の品質的特徴を保持継承することを基準として、健康を志向し、発酵微生物の生態環境を要として、微生物とアルコール化を技術的手段とする中核的な科学発酵技術で、略称をHEMA（黒馬）技術と呼ぶ。これは現在、大益の発酵普洱茶熟茶の最先端技術である。

① 健康をリードする

大益普洱茶の第3代発酵技術は、普洱茶の「減量、脂肪降下、胃腸保護、美容」の作用を際立たせたもので、生物技術を用いて、茶中の健康に良い物質の含有量を増やし、品質を優れたものにし、大益普洱茶の健康効果をレベルアップし、商品の風味の機能と健康効果の機能を有機的に統合し、茶の健康志向を促進している。

② 微生物生態環境

勐海の冬は暖かく夏は涼しいという気候条件、湿度、温度、日射量の極めて良いバランスは、多くの有益な微生物の生存と繁殖に有利な生態環境となっている。それは、大益普洱茶の発酵の流れにおいて環境的背景となっている。70年代、第2代発酵技術は勐海茶廠において応用され、40年の歴史のなかで、優れた発酵菌を蓄積し、特有の発酵環境を形成している。気候環境と多量の鉱物を含む弱酸性水源とのリードする結びつきにより、大益普洱茶発酵微生物環境を構成し、「勐海味」の基礎とする。

③ 微生物技術

普洱茶の発酵の流れのなかで、長期間にわたって蓄積された有益発酵菌群は、発酵過程に大量の水解物質とポリフェノール酸化酵素、ペクチン酵素、糖化酵素、デンプン酵素、タンパク酵素などの多くの外源酵素を提供する。発酵の原理、有益な生産酵素の変化の規律、作用のしくみなどを研究するうえで、酵素類の分離、熟成、鍵酵素の構造、合成などの現代的酵素工程技術手段と酵素製剤を加えた総合的な運用、また発酵微生物の生態環境条件を鍵とする技術の媒介変数として、科学的な発酵を推し進め、普洱茶の発酵技術の思考回路を切り開き、発酵の品質をあげ、「勐海味」を明らかにし、レベルアップさせている。

④アルコール化技術

アルコール化のプロセスにおける品質の変化規則、および有効なコントロールを利用する研究に基づいて、温度、湿度、酵素活力などのもっともふさわしい組み合わせを利用し、品質のアルコール化を進め、原料、半製品、完成品の保存の流れにおいて、商品品質の特性と結びつける。そしてアルコール化技術を利用し、酵素活性を起動し、品質を整え、大益の「勐海味」を継承し、伸ばしていく。

3　年月の価値（Age,A）

適切な保存の条件のもと、一定の時間の範囲のなかでは、普洱茶に含まれる成分と口当たりは時間の推移につれてより良くなる。これが普洱茶の年月の価値である。じゅうぶんな原材料の備蓄は、商品の差別化と市場競争の優勢においてより重要な意義をもつ。この勐海茶廠は、万トンの原料を備蓄しており、それは大益茶独特の内在する性質を作りあげるうえで要となる宝である。

以上の3つの要素は有機的に結びついており、大益茶の独特の価値を形成している。良い茶は大益にありといえる。

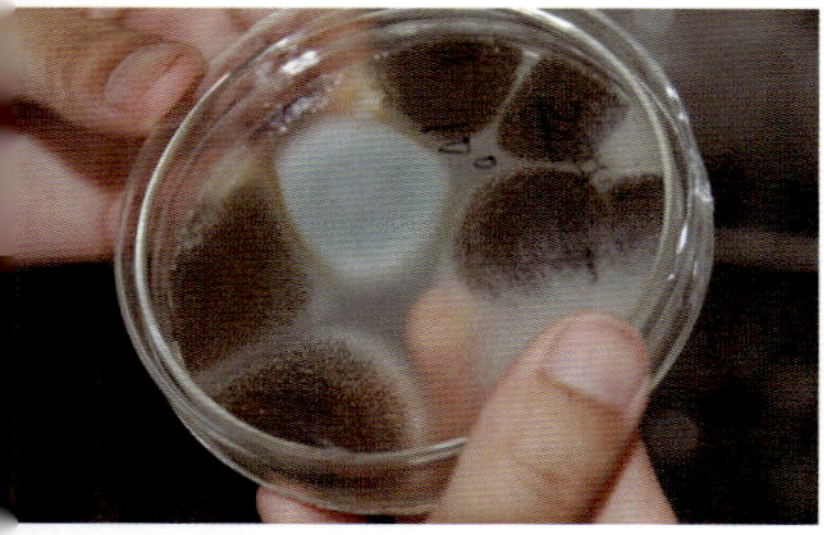

微生物

第三節　大益の早期の製品

早期にパリ大学で学んだ範和鈞氏は、帰国後、中国茶を振興するため、中国茶業公司の任命を受け、雲南に向かい仏海茶廠を建て、のち数代にわたる人々の努力を経て、普洱茶の伝統の遺風を受け継ぎ、市場に人気を博する商品を生んだ。

紅印普洱圓茶

緑印普洱圓茶

中茶牌圓《えん》茶

1951年、中茶商標は正式に登録され、唐慶陽工場長の任期中に「中茶牌圓茶」が作られた、勐海茶廠の「紅印普洱圓茶」「緑印普洱圓茶」および早期の「黄印普洱圓茶」などの普洱茶は、華々しい人気のある製品となっている。

1　紅印普洱圓茶

紅印普洱圓茶は、勐海茶廠のもっとも早期の圓茶商品である。円形に押し固めた茶の包装紙の中央には、中茶公司の商標が印刷され、8つの「中」字、またそれが囲む中央の「茶」字は赤である。消費者はこれを「紅印圓茶」または「紅印」という雅称で呼ぶ。

紅印普洱圓茶の表の字はすべて赤であり、1950年代、赤は特別な色彩であるゆえに、この茶は時代感覚を強く漂わせている。

紅印普洱圓茶は、大きな、肥えたしっかりとした原料茶で作られ、その表面はつやつやと光り、茶湯は深い赤で明るく、滋味は濃く、蘭の花や木の香りがし、優雅でまたしっとりとしている。

紅印普洱圓茶は、「早期紅印」と「後期紅印」に分けられる。早期は字体の筆画が太く、後期はやや細く、文字の「はね」や「とめ」がよりはっきりしている。早期の紅茶の円盤形に押し固めた「茶餅」は、若く柔らかい原料茶で作られており、蘭の香りが際立つ。後期は、やや太い原料茶で作られ木香が濃い。

早期黄印圓茶

無紙緑印圓茶

2　緑印普洱圓茶

緑印普洱圓茶は勐海茶廠の早期の商品で、円盤型に固められた「茶餅」の外側の包装紙の「茶」字が緑色なので、市場では「緑印圓茶」という雅称で呼ばれている。「早期緑印」と「後期緑印」に分かれるが、この2つの緑印圓茶商品の制作年代はおおよそ紅印圓茶の時期に当たる。

①　早期緑印

早期緑印圓茶は「緑印甲乙《こうおつ》圓茶」またはブレンドによって「藍印甲乙」とも呼ばれる。緑印甲乙圓茶の品質は調整され安定している。全体的な品質は、早期紅印圓茶より劣っているが、後期紅印圓茶より穏やかで滋味がさらに純粋で陳香、木香がはっきりとし、独特な味わいである。

②　後期緑印

後期に生産された緑印圓茶は、「後期緑印」という略称で呼ばれ、「無紙緑印」と「大字緑印」の両類が含まれる。

無紙緑印圓茶

一般的に、普洱茶は加工し、茶餅を紙で包んだのち箱にいれ出荷する。だがこの緑印圓茶は、製造ののち茶餅をそのまま紙で包まずに箱に入れ遠方に出荷する。ゆえに「無紙」と呼ばれる。

無紙緑印圓茶は、茶の品質が特に優れ、数が少ない緑印普洱圓茶は、また「紅蓮圓茶」と呼ばれ、緑印圓茶のなかで最高のクオリティである。

蘭の香りがし、舌を潤し、口当たりが滑らかで甘みが若干あり、後味も甘い。

大字緑印圓茶

大字緑印圓茶は、勐海茶廠の1950年代以降の無紙緑印茶商品に続くもので、がっちりした原料茶を用いている。茶餅の表面は清らかでつやつやと光り、味わいは柔らかく、蘭の香りが長く続く。

3　黄印圓茶

おおよそ1950年代、後期紅印と後期緑印の年代に作られた商標の中央の「茶」字が黄色のもの。市場では「黄印圓茶」と呼ぶ。

黄印圓茶は摘んだばかりの太く新鮮な茶葉で、若い茶葉の芽を補ってブレンドしたものである。滋味がありかすかな甘みがあり、後味も甘い。

七子餅茶

1960~70年代、普洱茶界に大きな変化が起きた。中茶公司の繁体字の緑印茶餅の包装紙は全て、簡体字の包装紙に取り換えられ、名称は「中茶牌圓茶」から「雲南七子餅茶」となった。同時に包装紙の字体が小さくなり、中国語の発音をローマ字で表記した「ピンイン（拼音）」が加えられ、今日に至るまで使用されている。この時期に生まれた七子餅ののうち3種類が注目に値する。うち2種は、1970年代にもっとも早い時期に単純な原材料茶で作られた「黄印七子餅」「大藍印七子餅」、もう1つは、やや後れて1980年代に作られた「紅帯七子餅」である。

1　黄印七子餅

黄印七子餅は、勐海茶廠の七子餅の時代を切り開いた商品である。七子餅は、それ以降の数十年、普洱茶のシンボルとなり、勐海茶廠の知名度をあげ、香港、マカオ、台湾、東南アジア各地にその名を広めた。

黄印七子餅は、実際にはあるシリーズの通称である。シリーズのなかには「八中黄印七子餅」、「小黄印七子餅」「認真配方緑字黄印七子餅」「緑字黄印七子餅」「苹果緑黄印七子餅」「大黄印七子餅」などの異なる名称があり、それぞれ異なる期の「黄印七子餅」を代表する。

紅帯七子餅

黄印七子餅

橙印七子餅

大藍印七子餅

2　大藍印七子餅

勐海茶廠から早期に出荷された七子餅のうち、一時期のシリーズでは、包装紙の上に印刷された「中茶公司」のロゴの「茶」字がブルーで、市場では、品質は「緑印」に近いので、このシリーズを「大藍印七子餅」という雅称で呼ぶ。

「大藍印七子餅」に使用した茶葉はやや太く、品質は木のはっきりとした香りを特色とし、味わいは繊細で滑らか、口に入れると生津が起きる。

3　紅帯七子餅

勐海茶廠から出荷された「七子餅」のなかで茶のなかに1本の赤いリボンが埋められたもので、俗称を「紅帯七子餅」という。この茶餅には、細く柔らかな原料が使われている。

「紅帯七子餅」は、香港商人のために作られ、横格薄棉紙（横格子が入った薄綿紙）に包まれ、包装紙の下部に印刷された工場の名称のうち「中」字の字体が大きい。茶業界の専門用語では「大口中」という名称で呼ばれる。「大口中」か、それとも「中」の字体がやや小さい「小口中」かどうかも、年代を経た茶の判別にあたり重要な項目となる。手作業により藍色で押印されている。細く柔らかい原料茶が使われ、蘭の香りが際立ち、味わいが濃厚で、後味がほのかに甘い。

４　７５４２七子餅茶

７５４２七子餅茶は、勐海茶廠の代表的な商品である。原材料はブレンドしてある。表面の茶には芽の部分の茶が使われ、内部の茶には表面の茶よりも太い茶が使われる。生産数がもっとも多く勐海茶廠の規範的な商品となっている。

①73青餅

73青餅は７５４２の最初期の商品である。勐海茶廠が１９７０年代末から80年代の初期にかけて生産した７５４２のもっとも早期商品である。

73 青餅

88 青餅

73青餅のブレンド研究技術によるブレンド案では、餅の外側の茶には3、4級の若い芽葉を使い、内部の茶には5、6級の茶葉を使う。陳香は純粋で、蜜の香りを帯びており、淹れた茶湯の色は光沢があり、飲むと甘みがあり、生津が長く続く。

②88青餅

１９８８年から１９９２年まで生産された７５４２の七子餅。

茶餅の表面は銀の光がありつやつやと輝き、蜂蜜の香りが際立ち、淹れた湯の色は琥珀色で、さっぱりとして爽やかである。ほのかな甘みがあり、回甘《かいかん》は泉のようで、細い水の流れのようである。舌下《ぜっか》の両側に甘みをもっともはっきりと感じ、喉元にくつろいだ感じが残る。

③大益七子餅茶

１９８９年、勐海茶廠は正式に「大益牌」のパテント商標を登録し、１９９３年には正式に「大益」をブランドとする七子餅茶をリリースした。茶廠は、商業概念を導入し、１９９６年には「勐海茶業有限責任公司」を開始し、国営茶廠から次

七子餅茶 7572

橙印七子餅

第に有限責任公司へと改制していった。

大益七子餅は、主に生茶と熟茶の「唛号《ばごう》（商品コード）」があり、うち晒青《さいせい》毛茶を普洱生茶に仕上げたものは、唛号を７５４２とし、人工発酵を施した原材料茶を普洱熟茶にしたものは唛号７５７２である。それぞれの茶餅のなかに大益牌の紙片を埋め、包装紙にも大益牌の商標を使い、包装紙には、赤と、赤紫色の「大益」商標があり、うち１９９６年から２００２年に用いられた赤い大益ブランドの包装７５４２は、市場では、「紅大益」と雅称で呼ばれ、赤紫色の大益ブランドの包装の７５４２は、「バラ大益」と呼ばれている。

５　橙印七子餅

橙印七子餅の生産年代は、おおよそ１９９６、１９９７年で、南天公司の注文に応じた商品で、包装紙のなかの「茶」字がオレンジ色である。品質は特に優れ、風格は緑印、黄印に似ており、市場では「橙印」と呼ばれる。

６　７５７２七子餅茶

勐海茶廠の生産する７５７２七子餅茶は、原材料となる茶に人工的発酵を施した勐海茶廠の規範的な商品で、熟茶としての生産量は最大である。

７５７２の生産は、１９７０年代半ばから現代まで続いている。早期に使用されたのは、勐海茶廠の標準である七子餅包装紙で、内部に紙のしおりがあり、「中茶牌」の商標と、「勐海茶廠出品」の字がある。１９９０年代半ば以降の７５７２七子餅は、包装紙、しおりに「大益牌」のパテント商標を使い、なかのしおりに「勐海茶業有限責任公司」の文字がある。

７５７２は、人工「渥堆《あくたい》」発酵を経た熟茶で、勐海茶区のがっしりとした茶を芯の茶に使い、表側には金の産毛の生えた細かい茶（金毫《きんごう》細茶）を撒いている。茶湯の色は、赤く光り、陳香は純粋で、滋味は深みがあり、甘い香りが際立つ。

雪印青餅

7　7532七子餅茶

勐海茶廠から発売された七子餅茶のうち、芯の茶については、8582はややがっしりとした古い葉で、7532はがっしりとしており、7532はもっとも柔らかく若い葉である。7532の面茶は、一芽一葉の茶葉を加工している。

①　雪印青餅

「雪印青餅」は、ある種の俗称であり、勐海茶廠の1980年代前半に生産された7532七子餅である。品質が優れているため広く市場の消費者から好評を得ている。

茶が、「雪印」と称されているのは、茶の芽が若く柔らかく、白毫《はくごう》（茶葉の芽に生えている白い産毛）が広がり雪のように覆われているということによる。

優れた品質の雪印青餅は、茶商人のなかでは「雲尖」「賽藍印」の雅称で呼ばれる。

湯の色は紅で濃く、香りが際立っており、細やかで滑らかである。

②　御賞餅

勐海茶廠で生産した7532のうち一部のシリーズは、茶餅が非常に小さく、250gしかない。単一のかなり細く柔らかい茶葉を使い、外側の茶と内側の茶に差異がない。市場では一部の人はこのシリーズを「7532小餅」と呼び、出荷時に茶の商品たちが定めた名称は、「御賞餅」であった。「御」は皇帝、「賞」は、品評し、鑑賞という意味である。

普洱磚茶

1987年中茶公司は固めた茶をレンガ形の「磚茶《せんちゃ》」に成形することに統一し、勐海茶廠でも磚茶の生産が始まった。

1　文革磚

1967年、中茶公司は固めた茶を統一的に磚茶と称した。この時期は、「文化大革命」の開始期で、全国で隅から隅まで革命が進行していた。

73 厚磚

7562 磚茶

この時期、勐海茶廠では、第1期の磚茶の生産が始まり、「文化革命」のマークが付けられたため、「文革」磚茶と呼ばれる。

文革磚茶は第1期の普洱磚茶で、茶葉の形状は細長く、内部には細い枝があり、磚の表面は、赤茶色である。茶湯は深い紅で明るい光沢がある。芳醇で調和がとれた味わい、わずかな渋みがあり、口にいれると舌に生津が起きる。

2　73厚磚

1973年、人工「渥堆」発酵技術に成功したのち、勐海茶廠は、普洱熟茶磚の生産を開始した。この熟茶の磚は、もっともがっちりした古い葉で作られ、人工的な「渥堆」発酵ののち、精緻に加工された磚茶となった。がっしりした大きな茎を使ったため、重さは同じく250gで同じような大きさの長方形に押し固めたが、この磚茶は、一般のものより厚く、淹れる際にやや塊が解け易い。ゆえに名称を「73厚磚」と呼ぶ。

73厚磚は、香りと味が特に長く続き、茶湯の色は紅褐色でやや暗く、味わいはわずかに甘く、滑らかで回甘を感じ、葉底は焦げ茶色で暗い。

3　7562磚茶

7562磚茶は、文化大革命が終了した年に生産され文革磚茶とともに文化大革命の前後を代表するものとなっている。文革磚茶は、なおも伝統的な生茶の製造過程により作られているが、7562は、人工的な「渥堆」発酵の熟茶の過程により生産されている。

7562は、若い柔らかい茶葉により作られ、芽は超えてしっかりしており、淡い蓮の香りがする。口当たりはコクがあり、わずかな甘みがあり、滑らかである。

普洱方茶

勐海茶廠では、1960年代末から方形に押し固めた普洱方茶を生産している。重さは100gと250gの2種類があり、茶の裏表に、「八中字」と「普洱方茶」の文字がプレスされている。比較的早期の製品には、「八中」の代わりに「井」の文字がプレスされ、それは、はがれやすかった。

勐海茶廠が出荷した方茶は、1991年11月から1993年1月の間に生産された茶がもっとも良質、市場の消費者に好評を博し、ゆえに「九二方茶」の美称で呼ばれ、その栄誉は海内外にわたり熱心に支持されている。

普洱方茶の文字が押されている

普洱方茶

第四節　大益の現代の製品

大益の早期の製品には、一部は、包装紙の上に「中茶」の商標があり、一部は、「大益」の商標がある。どの商標であっても、すべて勐海茶廠の製品で、市場に人気を博しているスター製品である。これらの製品は、大益の新製品に思想、文化を伝え、発展の方向を示すものである。

現在大益普洱茶の製品は、伝統茶とティーバックの2種類がある。それぞれの茶は、用いられる材料と消費者によって違いがある。ここでは、伝統茶とティーパックに分けて紹介する。

伝統茶の製品体系

伝統茶の主要なものとして、現在、生産量がやや大きめに押し固めた普洱茶があげられる。主に、レンガ形の「磚茶」、円盤形の「餅茶《へいちゃ》」、饅頭型の「沱茶《だちゃ》《たくちゃ》」、方形の「方茶」があげられる。製品の価値体系から分類すると、経典《けいてん》シリーズ、皇茶シリーズ、大師シリーズ、臻品《しんぴん》シリーズが含まれる。

1　経典シリーズ

(1) ポジション

伝統には権威があることから、経典と呼ばれる。経典シリーズは、大益伝統経典製品の主力で、普洱茶の中心的な生産地の材料をよく選び、その歴史は長く、市場占有率、販売量の多さ、ブランドの影響力、文化的な内容の４つの面から全面的に大益のブランドを支え、大益の製品構成のなかでもっとも基本的で、もっとも重要な構成部分である。

(2) 製品差異化の表れ

原料：普洱茶の中心的産区

年代：摘んだ年の原料茶を主とする

技術：大益茶の伝統的な制茶技術

包装：伝統的な包装（植物繊維の紙または竹の皮の包装。持ち手のついた籠や贈答用の飾り箱はない）を主とする。伝統的な経典であることとフアッション性をあわせ、新製品は市場でのポジションに基づきさらにそれを伸ばしていく。

経典シリーズ

勐海之星

(3) 製品実例

(ア) 経典「シリーズにおける」古くからの5種：7542、7572、7262、8582、8592

(イ) 経典シリーズにおけるそのほかの唛号のついた茶茶：7592、8542、7552など

(ウ) 経典シリーズのうち名前のついた茶：勐海之春、大益甲級沱茶、味最釅《げん》など

2　臻品《しんぴん》シリーズ

(1) ポジション

大益製品の価値体系のなかでのハイエンド製品で、原産地は、普洱茶の中心的生産区、瀾滄江《らんそうこう》（メコン川）流域の有名な茶の山で、原料は一定の時間を経て熟成させたもので、個性的な品質を備えている。

(2) 製品の差別化の表れ

原料：普洱茶の中心的な産地の著名な茶の山

年代：1年以上

技術：大益茶の伝統製茶技術

包装：記号化と個性化を重んじ、経典シリーズとは明確な区別がある。趣向を伝えることに重点をおく（持ち手のついた籠や贈答用専用の箱もある）。

(3) 製品実例

龍印、勐海之星、生肖茶、黄金歳月、金大益、銀大益、布朗孔雀など。

宝兎迎財

黄金歳月

3　皇茶シリーズ

(1) ポジション

大益製品の価値体系のなかのハイエンド製品で、全て普洱茶の中心的な産区の高山茶から精選した原料を使う。原料はエコロジカルで、時間の経緯を経て変化する。大益独特のブレンド技術と発酵技術をじゅうぶんに表し、優れたクオリティのほかに深い伝統的な文化の特質を備える。

(2) 製品差別化の表れ

原料：普洱茶の中心的な産区の著名な茶山における高山茶
年代：3～5年
技術：大益茶の伝統製茶技術
包装：中国の伝統を重んじ、中国の人文的表現、重厚、雅やかさを強調する。贈答専用の箱を備える。

(3) 製品実例

龍印、龍柱、金針白蓮、宮廷普洱など。

４　大師シリーズ

大益製品の価値体系の中でトップクラスの製品。普洱茶のもっとも中心的な産地から古い茶山の大樹茶を選び、長い時間をかけて変化させせ品質は独特である。販売量には限りがあり、大益の70年にわたる豊かな歴史と伝統的な製茶技術を集積し、業界内の標準、技術、品質の位置づけをもって大益の指導標準とし、深い文化的内容を備える。

製品差別化の表れ

原料：普洱茶の中心的産区のなかの著名な茶山の大樹茶

年代：6年以上

技術：大益茶の伝統製茶技術

包装：中国の伝統文化の含蓄の表現をメインテーマに、一定の芸術性と簡潔さ、明快さ、おおらかさが溶け込んでいる特製の贈答用箱。

宮廷普洱

龍柱

製品実例
辛亥百年紀年茶

辛亥百年紀年茶

ティーパック製品シリーズ

ティーパックを生産しているのは、主に東莞茶業科技有限公司で、その原材料は、勐海古茶園の優れた雲南大葉種の晒青毛茶である。大益の製茶技術を用い、科学的なブレンドと心を込めた制作を経て、世界でも先進的なティーパックの加工設備によって生産している。

ティーパックは携帯、飲用に便利で、現代的なライフスタイルに適しており、安全、手軽、高品質である。

ティーパックの製品は、おもに3種のシリーズに分けられる。

経典生茶

経典熟茶

1　経典シリーズ

市場におけるポジション

1940年に始まり、伝統的な製茶の技法を完全に継承し、科学的な配合、加工を経たうえ、普洱茶の澄んだ香りを小さなパックのなかにこめ、いつでも便利にそれを味わうことができる。

主に経典熟茶と経典生茶がある。

2　特選シリーズ

(1)　生産年特選

市場におけるポジション

普洱茶は時間の経過に伴い口当たりは豊かさを増し、味の重層性がはっきりしていく。6年の時間を経ている大益普洱は、品質がさらに向上し、馥郁たる香りのなかに歳月を味わうことができるだろう。

主に特選6年生茶と特選6年熟茶などの製品がある。

(2)　産地特選

特選6年熟茶

特選6年生茶

特選布朗

特選巴達

主に特選巴達、特選布朗がある

A：特選巴達

精選大益グループの2大生態茶園の1つ、巴達基地の精選された芽葉から作られる。茶園の平均海抜は1700m以上で、通年気候は温潤で、雨量はじゅうぶんであり、茶樹の生育期間は常に霧に包まれている。巴達高山茶の熟成を経た茶の香りのなかに自然の清らかな味を楽しむことができる。

B：特選布朗

特選大益グループの2大生態茶園の1つ、布朗基地の精選された芽葉から作られる。茶園の平均海抜は、1200mに達し、雨量は多く、茶樹の成長する期間の日照量もじゅうぶんである。布朗高山茶のコクのある滋味のなかに自然の純正な味を楽しむことができる。

3　花草シリーズ

(1) 陳皮普洱熟茶

普洱の香りと味に陳皮の独特の香気と滋養成分を合わせている。疲労時に飲むと心身をリラックスさせ、味わう人を潤いと思いやりで満たしてくれる。

(2)　荷葉《かよう》普洱熟茶

普洱の香りと味に蓮の葉の独特の香気と滋養成分を合わせている。生活を楽しめると同時に身体の機能のバランスを調整し、味わう人に美と喜びを与えてくれる。

(3)　菊花普洱熟茶

普洱の香りと味に菊花の独特の香気と滋養成分を合わせている。心のわずらわしさを鎮め、心を爽やかに明るくし落ち着かせる効果がある。

(4)　玫瑰《まいかい》《ばいかい》普洱熟茶

普洱の味と香りに玫瑰（バラ科の一種）の花の独特の香気と滋養成分を合わせている。忙しい生活のなかでも美容に気を配り、生活にロマンを添えることができる。

玫瑰普洱熟茶　菊花普洱熟茶　荷葉普洱熟茶　陳皮普洱熟茶

第五節　大益普洱茶の判別

「大益」は普洱茶業界の著名なブランドである。20世紀中ごろから現在までおよそ半世紀の年月において、普洱茶の伝説を築いてきた。その卓越した品質の背後に一流の生産技術を備えている。

大型の普洱茶廠は、特定の品名の嘜号《ばごう》（生産年、生産工場などを表す商品コードのようなもの。簡体字では「唛号」）を所有する。例えば勐海茶廠は、7572、そのうち「75」は、75年に研究制定されたブレンド案を採用していることを指しており、「7」は、配合材料のコードネーム、「2」は勐海茶廠のコードネームである。最初の2つの数字は、茶廠が創出した制茶技術の年代であり、最後の数字は、茶廠のコードネームということになる。「嘜号」は、1970年代の計画経済の時期に、雲南省茶葉公司が指定し各工場に与えたもので、厳密にいえば、最後の数字の2は、勐海茶廠の製品であることを表している。

普洱の「ロット」はある年の第何回目の生産になるかを表す。例えば、1401なら、2014年の一回目に生産したという意味を示すロットである。

一般的に、大益普洱茶の1セットの箱のテープの上には、はっきりと茶廠の名称、住所、電話番号などが印刷されている。本物の牛革の袋は、質感があり、丈夫で、印刷は精緻で通気孔があいている。セット箱と単体の箱には、おのおの「大票」と呼ばれる合格証がついている。それぞれの茶餅はきちんと整っており、製品の情報は完全に規範化されている（嘜号、ロット、衛生食品許可証号、製品執行標準、輸出食品生産企業報告記録番号、保存期、メーカー名、住所、生産時期など）。けれどこれだけではじゅうぶんとはいえない。

市場に日増しに増えている勐海茶廠の「大益」ブランドの普洱茶の偽物を撲滅し、消費者の利益を守るため、勐海茶廠では、表紙と茶餅の内部に次ページのように紹介している。

当然のことながら、長期にわたって大益普洱茶を飲用している古くからの顧客であれば、多年にわたる経験から大益普洱の色香りを熟知しているので、茶を開けて淹れたあとに茶湯で判定するのがもっとも有効な方法である。

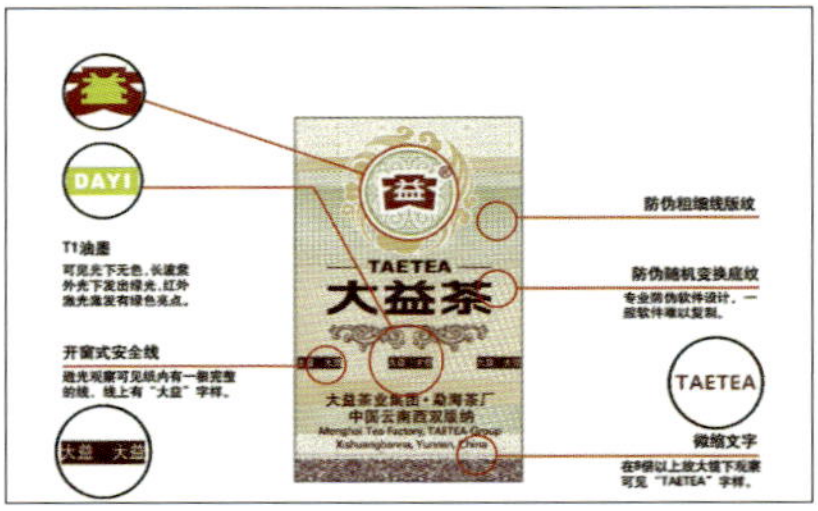

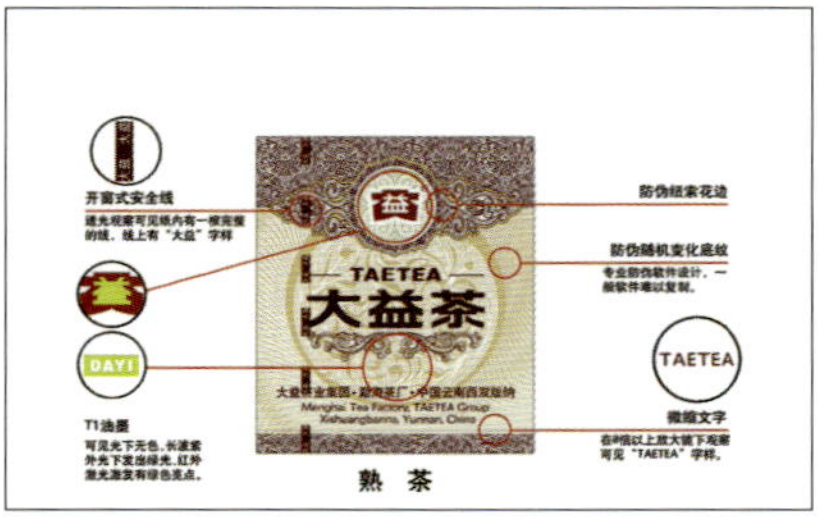

大益茶
普洱茶

・・・・・・・第四章・・・・・・・

普洱茶の審査評定と品質鑑定

第一節　普洱茶の審査評定技術

茶葉審査評定の基礎知識

茶葉の感覚器官による審査評定は、主にその人の視覚、嗅覚、味覚、触覚および茶葉の形状、色つや、香気、滋味に対し鑑定を行う。それは、茶葉の品質の優劣を決め、等級の高低を決める重要な方法である。

茶葉の感覚器官による審査評定は、一定の環境、設備の条件のもと、茶を審査する人の専門技能により遂行される。審査する場所は、空気が清浄で、異味がなく、温度と湿度が適切で、室内が静かで、清潔で、明るいことが必要である。審査には、乾評台と湿評台が用意される。

専門の茶の審査用具は以下である。

評茶盤、審査評定杯、審査評定碗、葉底（淹れた後の葉）盤、はかり、タイマー、茶さじ、湯杯、茶かすをいれる桶、魔法瓶など。

普洱茶の審査評定の基礎知識

普洱茶の審査評定は主に感覚器官により、それは人間の嗅覚、味覚、視覚、および触覚などの器官を頼りに、普洱茶の品質を評価する方法である。普洱茶の感覚器官による審査評定の過程は、主に乾茶審査評定、一部のサンプルをとって計量する、茶を淹れる、茶湯の審査評定などである。

乾茶《かんちゃ》（淹れる前の乾いた状態の茶葉）の審査評定と茶湯の審査評定は、俗に乾評《かんぴょう》と湿評《しっぴょう》と称される。感覚器官による品質の審査評定の結果は、主には湿評（茶湯の色、味、香気、葉底）の内容であり、乾評はその前のパラメーターを示すものである。サンプルをとったり、茶を淹れたりするのは、審査評定の科学性を保持するためである。具体的な感覚器官による審査評定の技術用語は付録二を参照のこと。

1　乾評

主に茶の外形の４つの要素、即ち形状、砕け方、

浄度、色彩から審査評定する。

①形状

各茶葉の外形の規格を指す。例えば、茶の大小、長短、太さ、軽重など。押し固めた茶の外形の審査評定では、その形の形状、均整がとれているかどうか、中と外の茶が揃っているか、また審査評定の途中で茶葉の欠落がないかどうか、中心部分が外に見えていないかどうか、などを見る。

②整砕《せいさい》

第一には上中下各段の茶の比率が均一かどうかを見る。第二には、茶のそれぞれの茶葉の細長い巻き方（または顆粒《かりゅう》状）の大小、長短、太さ、均質性、砕け方の善し悪し、などの総合的な感じを見る。基本的には原料茶の自然の形態を保っているものが良く、砕けているものは悪い。精製した茶は主に茶のブレンドの比率が適当かどうかで品評する。

茶葉の外形

③浄度《じょうど》

主には茶のなかの雑物（茎、種子、葉片など）、および茶ではない雑物（雑草、他の植物の葉、そのほか）の含有量を審査評定する。含有量が少ないものが良く、多いものは浄度が落ちる。

④色とつや

外側を色彩とつやの角度から審査評定する。色はつまり茶の色とその深さの程度で、光沢は茶が外光の光線を受けた後、一部分が茶製品に吸収され、一部分が反射され茶製品の色の明暗の程度になる。乾茶の色の程度は色彩の明暗から、つやは、潤いがあるか、明るいか、均一かなどの方面から品評し、比較できる。色とつやがよい茶製品は、オイルのようであり、色とつやの悪い茶製品は暗い灰色をしている。

250㎖審査評定杯碗

潤枯《じゅんこ》

「潤」だと、茶製品の表面に光沢があり、滑らかで光を強く反射する。それは葉の鮮度が良く柔らかく、加工の時間が適切で品質が良いことの表れである。「枯」だと、色はあるがつやがなく、あるいはつやが劣り、茶葉の鮮度が古いか加工が不適切だったことを示し、茶製品の質は落ちる。

鮮暗《せんあん》

「鮮」は色彩が明るく豊かなことで、製品の鮮度と、新茶のもつ色とつやを指す。「暗」は、茶の色は濃いがつやがなく、一般には茶葉が古く、初期製茶過程が不適切であったことを示す。

均雑《きんざつ》

「均」は色彩が調和し、一致していること。茶のなかに黄色になった葉の片、青い枝、茎などがまじると色が均一でなくなる。

2 サンプルをとって計量する

普洱茶の審査評定の過程においてサンプルをとることは重要である。サンプルのとりかたが均一でないと、サンプル品に代表性がなく茶の量が多い場合は審査評定が難しくなる。ゆえにサンプルは標準にしたがってとる。そうでなければ正確さに欠くことになる。

①「散茶」のサンプルの取り方

200〜300gの茶のサンプルを混ぜ、親指、人差し指、中指で茶の上側から下側まで少なくても5gつまむ。はかりの皿に少しずつ入れ、5gでとめる。

②「緊圧茶」のサンプルの取り方

緊圧茶（押し固めた茶）の縁から中心に向かって上、中、下の3層をはがし、約50gのサンプルを取る。それらを混ぜてから散茶と同じ要領でサンプルを取って量る。

3 淹れる

代表的な茶のサンプル5gを250㎖の審査評定専用の茶杯にいれる。沸騰した湯を注ぎ、蓋が5㎜ほど沈むようにする。そのあと茶湯を評定専用の茶碗にいれる。

250㎖審査評定杯・碗

杯は円柱型で、高さ76㎜、外径82㎜、内径76㎜、容量250㎖。蓋つき。蓋のうえに小さな穴があり、持ち手の反対側に茶葉の濾過口がある。口の深いところは5㎜、幅は15㎜。碗は高さ60㎜、口の外径100㎜、内径95㎜、底の外径65㎜、内径60㎜、容量300㎖。

４　湿評

主に茶の内質のなかの４つの要素（香気、茶湯の色、滋味、葉底）を審査評定する。

⑴ 香気《こうき》

香気は茶を淹れた後に漂う匂いである。茶の香気は、茶樹の品種、産地、季節、採取の方法などの影響を受け、各種の茶には独特の香気の風格がある。香気の審査評定では、香りの型のほか、おもに香気の純異、香りの高低、長短をみる。

① 純異《じゅんい》　「純」はある種の茶にあるべき香気を指し、「異」は、茶のなかにそのほかの匂いがまじることを指す。「純」の香気には3種の状況がある。すなわち、茶類の香気、地域の香気、付加された香気である。茶類の香気は、茶そのものの香りを指す。例えば、普洱茶の陳香である。地域の香りはその地方特有の香りで、例えば蘭の花の香りや花と果物の香りなどがある。付加された香りは、外因性の付加された香りで、例えばジャスミン茶などがある。「異」は純粋でないか、または外因性の匂いで、例えば焦げた匂い、酸の匂い、油の匂いなどである。

② 高低《こうてい》　香気の高低は以下の要素に区別される。濃、鮮、清、純、平、粗である。「濃」は、香気が高く、刺激性が強いことである。「鮮」は、新鮮な空気を吸うような爽快感を得られることである。「清」は、フレッシュな感覚があるが刺激性は強くないことである。「純」は、香りは普通であるが異臭はないことである。「平」は、香気が淡いが異臭はないことである。「粗」は古い葉の粗っぽさを感じさせるものである。

③ 長短《ちょうたん》　香気の続く長さを指す。淹れた直後

茶湯の審査評定

の熱い時も、冷めた時も香りがあるなら、それは香気が長いことになり、逆は短い。

香気を嗅ぐには、熱嗅《ねっきゅう》、温嗅《おんきゅう》、冷嗅《れいきゅう》の3段階がある。熱嗅では、主に香気が正常かどうか（純異）、異臭があるかどうか（焦げた匂い、酸、カビ臭など）を、温嗅は主に香気の高低を嗅ぐ。冷嗅は、主に香気の持続性を嗅ぐ。香気の審査判定にもっともふさわしい温度は、55℃で、65℃を超えると鼻があつく、30℃を下回ると香気が沈み、判別が難しい。香気の審査判定では、外因による障害を避けなければならない。例えばタバコ、香水、石鹸などは香気の判定の正確さに影響を及ぼす。

(2) 茶湯の色

茶製品の含有物が水に溶けて表す色つやを「湯色」または「水色」と呼ぶ。または俗称で「湯門」「水碗」と呼ぶこともある。湯色の審査評定は、主に、色、明度、清濁の3方向から比較評定する。湯色の審査評定はすばやく行う必要がある。なぜなら湯のなかに溶けたポリフェノール類は空気に触れたのち容易に酸化し、変色するからである。

色度《しきど》　湯の色を指す。茶樹の品種と茶葉の若さのほか、加工技術が茶湯の湯色を決める。

明度《めいど》　湯色の明暗の程度を指す。明度が高ければ、茶湯に射す光線の吸収が少ないことになり、反射が多いことになる。およそ明度の高いほうが茶の品質は良い。

清濁度《せいだくど》　茶湯の透明度を指す。良い湯色は、透明で雑物がなく、底まで見える。悪い湯は濁りがあり、雑物が浮き、底が見えない。

滋味

良い味わいは、茶の品質を構成する主要要素の1つである。茶の味わいは、そのなかの物質の量と組み合わせの比率により異なる。味には、酸味、甘味、苦味、辛味、うま味、渋味などがある。味を感じるのは、舌の無数の味蕾による。味蕾が茶湯に触れたのち、神経をとおって大脳が反応し、異なる味を感じる。舌の味蕾は「分業」しており、舌の先は甘みに敏感で、舌の両側の前半分はしょっぱさに、両側の後ろ半分は酸味に、舌の中心は、うまみと渋みに、舌の根は、苦味に敏感である。

茶湯の滋味を味わうのに、もっとも一般的な温度は、50℃前後であり、主に濃淡、強弱、うまみ、渋みのあるなし、苦いか甘いか、などにより等級を決める。滋味の審査評定では、まず主に純正かどうかをみる。純正な滋味は、濃淡《のうたん》、強弱《きょうじゃく》、新爽《しんそう》、醇和《じゅんわ》により区別する。

純正な茶の滋味

品質が正常な茶の滋味を指す。濃淡：「濃」は、浸みだした各種の成分が豊富で、味に厚みがあることである。「淡」は、逆に物質がすくなく、味が薄いことである。強弱：「強」は、茶湯を口に含んだ時の刺激が強く、茶湯を吐き出した時に、味が増強されることである。「弱」は反対に口にいれたときの刺激が弱く、茶湯を吐き出した時の味が淡いことである。鮮爽：「鮮」は果物の感覚

茶湯の色

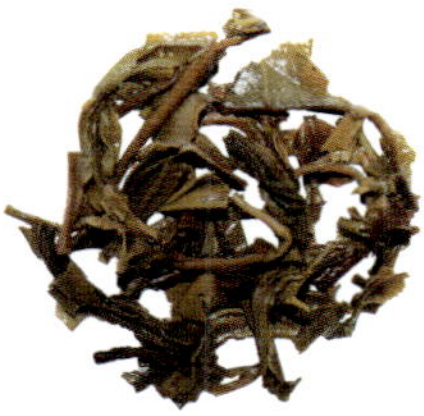

葉底

に似ており、「爽」は口当たりがさっぱりしていることを指す。醇と和：「醇」は、茶の味が濃く、口の中に残る味が爽やかであるが、刺激が強くはないことを指す。「和（穏やか）」は、茶の滋味が落ち着いて正常であることを指す。

葉底《ようてい》

滋味を審査評定したのち、葉底を盤にあけ、柔らかさ、均一さ、色つやなどを観察する。葉底の柔らかさ、均質さ、茶葉の砕け方、色つやの明度、葉の開き加減などは茶製品の優劣を決める重要な要素である。茶の葉を審査評定する際には、茶の葉の開き加減、雑物があるかどうかに注意する。良いものは、葉底が、柔らかく、若く、みずみずしく、明度が高く、厚く、かすかに巻いているなどの全部の要素がそろっている。

第二節　普洱茶の品質鑑定の技巧

普洱茶の品質鑑定の要諦は、普洱茶の色、香気、味、形に対する理解と感覚にある。ある種類の普洱茶に対し、系統的な品質評定を行うのは簡単なことではない。歴史文化を知るだけでなく、産地の特色、加工手段、貯蔵の環境など多くの条件を知り、また淹れ方、茶を味わう環境なども考慮する必要がある。

普洱茶の外観の品質鑑定

普洱茶の外観の品質評定は、主に４方面の要素による。外観、茶葉の形状、色つや、香気である。

1　外観

普洱茶の外観は直感的印象によるが、外観によって着眼点に違いがある。しかし、まず外観の端正さ、茶葉の柔らかさ、茶本体の色、押し固めの強弱、茶の本体に葉の脱落がないかどうか、などを見る必要がある。特に古い茶の品質鑑定においては、外観の分析は非常に重要である。

2　茶葉の形状（条索）

茶葉の形状は一般的には、均一で整っている。品質の良くない茶葉は短く砕け、形が緩く、細い。茶葉の形状が細長くなく短く砕けているのは、摘み方に厳格さが欠け、加工が規範化されていなかったことによる。葉の屑が多いのは、下段茶《かだんちゃ》（茶葉をふるいにかけたあと、ふるいの下部に残った細かな茶葉）だからである。葉の片が太いのは、揉捻の圧力が高すぎたか、原材料の茶に人工的な圧力が強すぎて砕けたか、若く柔らかい葉を混ぜたからである。茶葉の形状が細いのは、大部分はプランテーション農園において大量栽培茶の揉む力が強かったことによる。茶葉の形状が緩いのは、多くの場合は、大樹茶の揉み方が軽かったことによる。普洱茶は、押し固めて円盤状にした茶餅の葉の形状がはっきりしていることを良しと

金針白蓮
TAETEA
大益茶
普洱茶
宮廷臻品
净含量 357克

茶葉の形状がしまっていて、色つやがある

茶葉の形状が柔らかく、ゆるんでいる

するが、その柔らかさ、巻き方の如何が品質を表す重要なキーとなる。

茶製品の色つやは、その柔らかさ、季節、発酵程度を直接表す。生茶についていえば、春茶《しゅんちゃ》は色が緑で、潤いと光沢があり、夏茶《かちゃ》は色つやがやや黒ずみ暗く、秋茶《しゅうちゃ》は色つやが黄色がかり、光沢がある。若い茶は色つやが緑がかり、明るく、古い茶ほど黄色がかっている。茶の発酵程度の違いについていえば、新しい茶ほど緑で、古い茶ほど褐色である。

普洱茶の品質鑑定において、乾茶の色つやをみるのは、茶の葉が柔らがさや若さ、季節をみるにあたり非常に重要なプロセスであり、事前に情報を得ることができるからである。特に異なる製品の品質を鑑定する際は、製品によって乾茶が違うため注意して分析すべきである。同じ種類の茶の異なる生産年の茶の判断については、乾茶の色つやが回答になり得る。

香気

ここでいう香気は普洱茶の香気である。乾燥した茶の乾茶の香気はやや淡いが、そこでも様々な違いを探ることができる。

普洱茶の品質鑑定では、乾茶の匂いを嗅ぐのが品質鑑定の第一歩である。茶のなかに混雑物の匂いがないか、日向にさらした匂い、古びた匂いがないか、また煙やカビの匂いがないかは乾茶から嗅ぎ分けることができる。そして、さらに湯を注いで実験検証ができる。また、花や蜂蜜の香りは乾茶のなかにも嗅ぎ分けることができ、発酵過程の匂い（堆味）と水っぽい匂い（水味）は乾葉をかぐことで判定できる。

普洱茶の品質鑑定では、製品が多いため、乾葉の匂いを嗅ぐことで異なる製品を判別し、次に湯を注いだ際にはよく注意して証拠を求め、さらに細かく判別する。

普洱茶は通常、甘い、苦い、渋い、酸っぱい、うまみがあるなど数種類の味があり、また滑らか、爽やか、厚い、淡い、キレがあるなどの口当たりがある。同時に甘い味が残る、後味が良い、唾液の分泌を増すなどの余韻がある。このような味、口当たり、余韻の組み合わせが普洱茶の味わいとなり、各種の感覚が1つの普洱茶のなかに単独であるか、または併存されている。味の品質は細やかに味わって鑑別しなくてはならない。

普洱茶の滋味の品質鑑定

1 味

甘さ

甘さはもっとも受け入れられやすい味である。人の舌の先端部に甘みを感じる味蕾が集中している。普洱茶の甘さは、果物や食品の甘さと違い、味覚に対し強烈な刺激はなく、細やかで、甘みを感じるがしつこさはない。

普洱茶の原材料は、雲南大葉種茶で、含有する成分はやや多いが、長期熟成により苦みや渋みはゆっくりと弱まり、または完全に消失し、炭水化合物は、加水分解または熱分解を経て糖類またはオリゴ糖を形成し、茶葉のなかに留まるが、茶を淹れることにより次第に茶湯のなかに抽出され、甘い味となる。熟成したあとの普洱茶は、淹れたあと、苦みや渋みは次第に薄くなり、甘みが強くなる。勐海茶廠の早期の普洱茶製品のなかでは、紅蓮圓茶にはサトウキビの甘みがあり、口蓋のなかに長くその甘みが残り、久しく消えない。

苦み

よく知られているように苦みは茶の本来の性質である。古代において茶が「苦荼《くた》《くと》」と呼ばれていた理由はここにある。甘みと反対に舌の根は苦みにもっとも敏感であり、苦みは後を引き、なかなか消えず、愉快さを増す神経を抑圧し、不快感が残る。

普洱茶の苦みは、おもに中に含有されているカフェイン、サポニン、ポリフェノールなどにより、これらの多寡が直接茶湯の苦みに影響を及ぼす。茶葉のなかのカフェイン含有量は非常に高く、コーヒー豆の1～2倍である。サポニンは、茶には少ないが苦みは非常に強い。茶ポリフェノールは、その大部分の物質が苦く、あるものは渋く、あるものは甘い後味がある。

普洱茶の苦みは、時間との関係を考えなければならない。新茶は苦みがやや強い。後期熟成により苦みが少しずつ減少し、甘い後味になる。また淹れ方も重要である。普洱茶の苦みはそのかなりの部分が淹れ方に影響される。急須のなかに適切な量の茶を淹れ、適切な時間に注いでこそ、穏やかな茶の真の味が出る。茶を淹れる量が多すぎ、注ぐのが遅いと茶は苦くなり、その反対では、茶は薄くなる。

普洱茶の品質鑑定において、苦みはまず口に入れた時に感じやすいが、次第に消失する。渋みを感じたあと、苦みは去る。茶によって苦みの強弱、長短、後味も違う。また毎回淹れるごとに茶の感覚も違う。品質鑑定のプロセスでは、茶の苦みの変化と差異を把握することが、茶の種類、名前、原料、技術、効能などの識別になり、その深みは尽きることがない。

渋み

よく「苦みと渋みは分家できない」といわれるが、苦みと渋みは兄弟のようなもので互いに寄り添う。渋みも茶の元の味であり、苦みがあれば渋みがあり、それゆえに甘みと後味がある。渋みは口のなかで舌苔《ぜったい》の上部、口の内壁に感応する場所があり、非常に感じやすい。渋みは、口の中でこけの厚みが増し、口の内壁が粗くなり、多くのものがついてねばつくような感じがする。

渋みは、茶中の多くのポリフェノールが原因である。普洱茶は雲南大葉種茶を原料としており、その特徴は、エステル型カテキン類の含有量が高

く、これらのカテキンは、口のなかのタンパク質と結びつき、渋みの形成の原因になる。けれど、カテキンは時間の経緯につれ次第に酸化し、茶湯のなかの渋みはしだいに薄くなり茶湯は次第に滑らかになる。

　普洱茶は剛性《ごうせい》普洱茶と柔性《じゅうせい》普洱茶に分けられる。剛性と柔性は、茶湯の苦みと渋みの程度によって決まる。苦み渋みが強く、口当たりがやや濃く、後味に感じられる甘みが強いならば、それは剛性である。苦み渋みが比較的軽く、口当たりが柔らかく、後味の甘みが繊細なら、それは柔性である。

　茶の違いにより、茶の中の苦み渋みは違う。春茶は、苦さ渋さが相当に強く、だがその苦み渋みに長短がある。夏茶は、比較的苦みがあらわれ、秋茶はやや渋さがあらわれる。布朗山の茶は、苦み渋みが強烈だが、どちらかといえば苦みが際立ち、渋みはわずかである。巴達山の茶は、どちらかといえば渋みが際立ち、苦みが弱い。勐庫の茶は、苦み渋みは強くも弱くもなく、回甘が際立つ。易武の茶は、苦みと渋みがどちらかといえば弱く、渋みが軽い。

酸

酸味は生茶、熟茶ともにある。ただしともに品質が良くないことで生じる。酸味は容易に感じることができ、酸が多いと歯と頬が緊張し、収縮する。

　酸味の形成はおもに3つの要素による。1つ目は原料茶の「晒青」の加工の際、揉捻《じゅうねん》の時間と積んで置く時間が長すぎ、広げて干すのが間に合わないと、茶葉が酸味をおび、すえてくる。2つ目は普洱茶の発酵のプロセスにおいて加工が適当でなく微生物の型や積んで置く温度が不適切なことである。茶葉のなかの糖は解糖系を生み、それにより酸が生まれる。3つめには普洱茶の保存が適切でなく、湿度が高すぎ、茶にカビがはえたことによる。

うまみ

うまみは、茶のなかで鮮爽の感覚を生む。春茶のなかの若い葉にとくに顕著である。うまみの味は、魚のスープや鳥のスープに特に明確に感じられる。新鮮さは主に舌根《ぜっこん》の区域で感じられ、フレッシュで、微妙に甘く、優雅で、爽やかさが口のなかにいっぱいになる。

鮮爽のおもな物質は、遊離アミノ酸とテアフラビンで、茶湯のなかにはさらに可溶性のペプチド類と微量のヌクレオチド、琥珀酸などのうまみとなる成分が存在する。茶葉のなかのうまみとなる主な物質は、アミノ酸類でうち含有量が最大なのは、テアニンである。

普洱茶の品質鑑定の過程のなかで、春茶、または若くて柔らかい茶では、うまみが際立っており、飲んだ時の味わいが豊かで薄さがなく、爽やかな味である。大樹茶のうまみは、台地茶よりもさらに際立っており、飲むと爽やかで口中をさっぱりさせる。ゆえにうまみを通して茶の区分を行うのは、非常に直接的な手段である。

2　口当たり

味と口当たりの区別のうち、味は、舌と茶湯が触れた時の感触に限られ、やや直観的で、日常の食物のなかの味の多くと似ており、比較的体感しやすい。対して口当たりは、味覚の基礎における口腔内の感覚神経の共同体験ともいえ、それによって出る総合的な評価である。

口当たりの発生、茶湯の化学反応の構成に影響され、また同時に茶湯の濃度、粘度、清濁の状況、温度など一連の物理的要素に影響される。茶湯の基礎を理解すれば、口当たりはさらによく理解できる。

普洱茶の品質鑑定者としては、普洱茶の各種の口当たりを熟知するのは非常に重要なことである。口当たりの形成と変化が普洱茶の真の原料、加工、保存のレベルを反映する。もし、普洱茶を名刺に例えて品質鑑定するなら、味は普洱茶の姓名、口当たりは普洱茶の学歴、職歴であり、それは普洱茶の過去と現在を反映する。

滑（滑らかさ）

滑らかさは、感覚器官で形容すれば、舌のうえを軽くかすめて過ぎ、喉に入る感覚である。注意すべきは、口当たりは味覚のみに依る、多くは味わう者の「触覚」に依るのであるという点である。滑らかな普洱茶は、ただ渇きを潤し唾液の分泌を増すだけでなく、私たちをリラックスさせ心地良い気分にさせる。

滑らかさの形成は、茶に含有される物質と濃度に大きな関係があり、普洱茶の滑らかさに影響を及ぼす。普洱茶の滑らかさに影響を及ぼす重要な物質には、茶中の可溶性糖類、ペクチンでがある。これらの物質は、もともと存在するか、あるいは加工、貯蔵のプロセスで生まれてくる。糖類の茶湯における作用は、茶湯の滋味を改善し、茶湯を細やかな甘みで潤す。またさらに1つの作用として茶の粘度を調整し、口当たりを滑らかにする。茶湯のなかの茶ポリフェノールは舌の表面と口のなかの細胞のうえでタンパク質結合がなされ、口の中に渋みを引き起こす。多糖類は、ポリフェノール類物質を包み、茶湯をさらに滑らかにする。普洱茶の品質鑑定において、滑らかさは、重要な指標で、滑らかな茶は、味わう者を心地よくする。滑らかでない茶は、のどに詰まる感じがあるか、味が薄い。普洱茶の熟成を経た老茶または普洱熟茶は、滑らかさがより際立っており、生茶、特に新しい生茶は滑らかさが弱い。

化（変化）

もし滑らかさが、茶湯が口中で流れ循環するような感覚だとすると、「化」は、口中で流れる感覚が変化する速度である。「化」の描写はやや抽象的である。一般的には、飲んだ時の「化」か「不化」は、茶湯の味わいが口に入り、味覚の上に留まる時間に依拠する。口に入れて即座に変化する普洱茶では、茶湯の滋味が口に入ってのち数秒して自然に消失し、しかも後味がよく長く続く。口に入れてすぐ変化しない茶湯では、滋味が久しく舌苔に留まり、なかなか消えず舌を占領する感覚があり茶湯の真の味わいに影響する。

「入口即化」は、茶を味わう者が求める優れた口当たりである。熟茶は生茶よりも容易に「化」の口当たりを得やすい。熟成を経た老茶は、品質がよくおいしく、変化がはやい。

活（活発さ）

「活」は主に茶湯が口中に生じさせるある種の活発な感じである。「化」の際における各種の感覚の速度と総合的な感覚である。「活」の口当たりは「化」の感じのようであり、各自が実際の茶のなかから細やかに味わうことに依拠する。前述した「滑」と比較すると、「活」の口当たりは味わう者にさらなる爽やかさと躍動感を与える。純正な茶湯の滋味を静かな湖水に舟がおこす水紋とその消えてゆくさまに例えるなら、「活」が味わう人に与える感覚は、激流のなかをゆく船が水しぶきを起こすさまに例えられ、生き生きとして活発である。

時を経て磨かれた普洱茶は、含有する成分が複雑に変化し、淹れたあと比較的強い「活」の性質の味がある。製造過程のなかで一定程度の渥堆による発酵過程を経た普洱熟茶は、内部成分が大分子物質になっており、茶湯の色は深く濃く活発な味の影響を受けている。対して熟成され乾燥された倉庫で所蔵された普洱生茶は、内部の成分の加水分解、熱分解、酸化などの各種の化学反応により水溶性物質が増加し、分子量が減り、茶湯のなかの物質の転化が早く、「活」の味がもっともよく表れ、味わう人に活発で、愉快、パワフルな感覚を与える。

水（水っぽさ）

水っぽさは、多くのきめの粗く古い生茶と発酵した新茶のなかにあり、比較的簡単に感じられ、喉が渇いた時に飲む水のように薄く味がない。ただし、茶湯のなかではそのほかの口当たりがじゃまをすることはあるが、細やかに味わうことにより感じることは可能である。茶湯のなかの水っぽさとは、品質鑑定においてほかの味が消えたのち後味があまりないようであれば、それは「水」の

味の作用である。
「水」の味は、おもに原料のきめが粗く、古く、味わいとなる成分が少ないか、発酵のプロセスのなかで湿度の高すぎるところに茶が長く置かれていたために生まれる。普洱茶の品質鑑定のなかで、「水」の味を感知するのは非常に重要である。原料が古いか新しいか、発酵のプロセス、保存が正しいか否かを判別できる。茶の種類、保存環境、技術によって「水」の味は違い、品質鑑定において知ることができる。

厚（厚み）と薄（薄さ）

「厚」と「薄」は、茶湯の品質鑑定のなかで相対する概念で、感覚的には完全に反対である。

「茶湯」が「厚」というのは、茶湯のなかの成分が豊富で、味わう者が茶湯の厚み、質感を感じ、俗に「舌を抑える」ともいわれる。「薄」はその反対で、軽く、やや薄い。

茶湯の「厚」と「薄」は、茶のなかの含有物の種類と量の多寡による。含有物が多いと水にしみ出る量が多く、何度も淹れられるだけでなく、そのすべての茶湯に厚みを感じる。含有物が少ないと水ににじみ出る物質が少なく、茶湯は薄く調和がとれない。春と夏の茶を比べると、春茶は「厚」であり、夏茶は「薄」である。

当然のことながら、茶湯の口当たりの「厚」「薄」は、相当の程度茶湯の淹れ方の影響を受ける。茶葉をいれる量が多く、注ぐのが遅く、湯を出す前に蓋をしてむらすと湯のなかの成分は増加し、茶湯はさらに濃くなる。茶葉をいれる量が少なく、注ぐのが早いかまたは何度も繰り返し淹れていると、茶湯のなかに溶ける物質が少なく茶湯の味わいは薄くなる。ゆえに茶湯の「厚」「薄」は、同じ淹れ方の手法の元で、茶湯の品質鑑定を行うべきことを強調しておきたい。

利（刺激がある）

「利」は、茶湯のなかの物質の構造がじゅうぶんに豊かでなく、調和がとれず俗に「咽を刺す」というのが「利」の描写である。「利」の形成は、茶湯のなかのとある物質が相対的に多く、ほかの物質とのバランスを欠き、咽を刺すように感じることである。

「利」の出現は、含有物の不調和で、茶湯のなかのある物質が多すぎ、ある物質が少なすぎ、複雑な味のバランスが完全にとれていない状態のこと、ある種の偏った激しさである。激烈すぎる味は私たちの味覚と触覚に刺激を与え、それは味わう人にとっては「利」を感じることである。

もちろん、「利」は水質によって引き起こされることもある。多くの土地、特に雲南の多くの地区では水質が重くの塩の量が相対的に高く、淹れた茶湯が相対的に薄く、塩イオンの刺激が際立ち、味わう人に「利」の感覚を与える。品質鑑定では、比較的軽い水（軽水）を使うようにしたい。そうすれば茶湯の品質に対し、大きな影響はない。

普洱茶の「利」は、相当の程度加工手法の影響を受ける。度を過ぎた揉捻または物理的な損傷を受けた茶葉は、砕かれている割合が多く、淹れてすぐ味が出るが、淹れられる回数が多くない。こうした茶は、最初の何度かは味が「厚」であるが、内部の物質の調和がとれていないためピリピリとし、何度か淹れたあと、滋味はひどく「薄」となり、単調になる。「利」が出現する規則の分析、把握、総合は、よりよい品質鑑定に役立つ。

回感（後味）

普洱茶の味と口当たりは味わう人にとって真の体験であるが、普洱茶の品質を味わうのは、これだけでなく、飲んだ後に現れる後味がある。主に回甘（甘い後味）、喉を潤す、生津（唾液の分泌を促す）、の3種類がある。これらの反応は、品質鑑定をする人への贈り物であり、味わったあと心地よくなり、心から楽しめる。

回甘（甘い後味）

ここでの「甘」とは通常の甘さとは違う。甘いとは、茶湯が舌の先に接触して感じられるものだが、「回甘」は茶湯を味わったあと、感じられる甘さの感覚、後味として感じられる甘さである。

「回甘」は、内に秘められたもので、細やかで長く続く。茶を飲み終わったあと感じられる甘みは「回甘」である。

古人は、多く詩によって茶の「回甘」を称え、茶湯がもたらす、苦みの後に来る甘みを人生の象徴とし、それは、すべての茶を味わう人たちに愛されている味わいである。「苦尽甘来（苦み尽きて甘み来たる）」のために、茶を味わう人は先に苦味を味わい、のちに後味で甘みを味わう。茶の苦み渋みを味わった後、甘さで喉を潤すのは、艱難辛苦《かんなんしんく》のあとの幸福な生活のもっともよい形容である。

多くの茶の愛好家が苦みのある茶を飲むのは、「回甘」を味わうためである。しかし、「苦」と「回甘」には必然性がなく、やや劣った普洱茶は苦味があっても「回甘」がない。甘草《かんぞう》のようないくつかの薬用植物は、口に入れた後、苦くなくても「回甘」を体感するが、更に良質な普洱茶もまた苦みがなくても「回甘」を感じる場合がある。

普洱茶の品質鑑定は、「回甘」によって異なる名称、生産年、地域の製品に分けられ、茶製品が違えば、「回甘」にも違いがある。「回甘」の感覚の違いを細かく分け、結論を出せば、必ず収穫が得られるであろう。

回苦（苦い後味）

苦味は普洱茶の製品の品質鑑定において2種類ある。1種は、口に入ってもすぐ苦味があり、次に苦みが甘みに変わる。すなわち「先苦後甜（先ず苦く後に甘い）」である。もう1種類は、口に入れてすぐは苦くないが、後に苦くなり長く消えない。「回苦」と「回甘」は反対であり、苦みは長く咽に残り、消えない。

「回苦」の茶は、大多数は品質が悪くなった茶で、湿った場所に保存されていたか、「殺青《さっせい》」がじゅうぶんでない、きめのあらい古い茶など、品質の悪さによる。品質鑑定で「回苦」が絶えないとしたらそれは、必ず加工、保存が不適切な茶であり収蔵に適さない。

潤（潤い）

唐代、盧仝《ろどう》は、「一碗喉吻潤す」と書いた。「潤」は古代から現代に至るまで茶をたしなむ人々の追及するところである。「滑」について前述したが、「潤」は「滑」のさらに昇華したもので「滑」は「潤」の前提条件となる。水が不足すると渇きが生まれ、十分な水分を得た後は、潤いが経験できる。茶が大衆の飲料となったのは、それが喉を潤す作用があるゆえである。喉が潤うと渇きが消える。果汁やソーダ水は、じゅうぶんな水分を補うことはできるが、喉が潤う感覚は生じがたい。

「潤」の表れは、「甘回」に似ていて、茶を飲んだあと生じる「滑」と「潤」は、茶を味わう人が飲茶のあとに得られる総合的な感覚である。「潤」の経験は、茶湯の味わいが豊かであることを証明するだけでなく、口当たりが滑らかで潤いがあり、喉につかえたり刺したりするような現象がなく、茶を飲む者がその味わいに適していれば、口に入れたのち「潤」の感覚が形成される。

多くの普洱茶は、適切な熟成ののち、すべてが「喉を潤し、煩悶を破る」という潤いの境地を得られる。新茶で「潤」の感覚が得られるのは、茶葉の原料、加工の技術への要求の高さによる。普洱茶の品質鑑定では、「潤」は心の内に入り、感覚は心から生まれる。「潤」の長短、鋭敏か鈍いか、風雅であるかどうかは、経験を蓄積するほどに判別の目的に早く達することができる。

生津（唾液の分泌を促す）

津は、唾液である。「生津」（津を生じる）とは、口の中に唾液が分泌されたあとの感覚である。唾液は、中国医学および養生思想においては「寿命延長の液」の美称を得ている。その理由は、唾液のなかに大量の酵素類物質が含まれ、消化、養分の吸収を促進する大きな作用があり、健康にとても良いからでる。また一方で「生津」は渇きをいやし、体を潤わせ寿命を延ばす。

茶湯を飲んだあとの「生津」は、喉を伸びやかにする作用をもたらすだけでなく、心の内側も潤し、生命を養い、茶を飲む人の精神の境地を高め、忘我の境地をもたらす。

普洱茶の原料である大葉種の晒青原料茶では、茶葉の含有成分が豊富で、特にエステル型のカテキンの含有量が高く、渋みがあるが唾液を生じさせ、その効能はとても大きい。

当然のことながら、全ての渋みが唾液を生じさせるわけではない。一部の質の低い茶は、渋みがあるが唾液を生じさせる作用はなく、口の内側がささくれ立つような感じをおこし、両頬が痙攣《けいれん》するようで気分が悪く、舌苔が厚くなる。このような渋みはあるが唾液を生じさせないものを「渋而不開（渋いが開かない）」という。

一般的に「生津」は、両頬生津《りょうきょうせいしん》、歯頬生津《しきょうせいしん》、舌面生津《ぜつめんせいしん》、舌底鳴泉《ぜっていめいせん》(舌下生津《ぜっかせいしん》)などに分けられる。

① 両頬生津

両頬生津は、生津のなかでももっとも強烈な種類である。茶湯が口にはいったのち渋みの成分が口の両側の内膜を刺激して唾液が分泌され「両頬生津」となる。両頬に分泌する唾液は常に多い。この生津は、口当たりのうえではやや粗野で急速であり、大量の唾液が口を満たし、その「生津」感は非常に強烈である。早春茶や、若く渋みのある茶製品の「両頬生津」は比較的明確であり、体内の水分が過剰に失われてしまった時にこのような「両頬生津」の茶製品を入れて飲むと渇きを癒す効果は抜群である。

② 歯頬生津

普洱茶を飲むプロセスのなかで茶湯は口中で流動し、タンニン類の物質が両頬と歯の間の内膜を刺激し、唾液を生じさせる。

「歯頬生津」と「両頬生津」は「生津」の位置が違い、感覚も違う。「両頬生津」は滝があふれるようであり、粗々しく急速である。「歯頬生津」は、穏やかな渓流のようで、柔らかく細やかでしっとりと長く続く。潤う場所に潤い、そして甘みと滑らかさがある。

「歯頬生津」は熟茶の発酵技術製品のなかでもややはっきりと感じることができ、例えるなら飲んだ後に歯と頬の間のしっとりとした渓流の流れ、水がこんこんと絶えない泉のようである。

③ 舌面生津

生理学の認識の角度からすると、唾液は、口の中の内壁と舌の底から分泌されてくる。舌の面は味を感じる器官であり、「生津」とは無関係である。実際に、「舌面生津」は一般的な普洱茶を味わう際によく起こる現象である。

3～5年を経て熟成した普洱茶は基本的に「舌面生津」を感じることができる。茶湯は口から喉に飲み込まれてのち、口中の唾液が徐々に分泌され舌の表面が非常に潤い滑らかになる。同時に舌の表面から絶え間なく唾液が分泌され、口中の両側に流れていくように感じられる。

「舌面生津」は渇きを癒し、口中が潤い、舌が滑らかになる感覚のほか、茶を飲むなかで「歯頬生津」に似て、「両頬生津」よりもさらに奥深い。「舌面生津」は、「両頬生津」のような野生の荒々しさ、急速さはなく、穏やかで柔らかく、ゆっくりとして細やかで、普洱茶が時間の経緯を経たのちの物質の転化を表すもっとも具体的な美である。

勐海茶廠は、早期に出荷した「紅印」「緑印」などの普洱茶製品では、飲んだあとの「舌面生津」の効果が比較的大きい。一般的な晒青毛茶は、加工が良く、渋みがじゅうぶんであるとみな「舌面生津」の作用があるが、単にその作用に強弱があるだけである。

④ 舌底鳴泉

普洱茶の飲用では、一般に3口で味わう。目的は「品」字の感覚を体験するためであり、小さな口でゆっくりと飲み、ゆっくりと喉に回す。茶湯を口に入れたあと、唇を閉じ、歯の上下を開けて、口中の空間を広げ、茶湯がそれぞれの空間にじゅうぶん入るようにする。口の内部が弛緩するため、舌と上あごの接触する部分の空間が広がる。茶湯は下の歯の付け根と舌の下に入る。飲み干すときには、口中はその範囲を狭め、茶は喉に入り腹に入る。口が縮小する過程で、舌の下部の茶湯は押されて出てきて泡を生じるようになる。その現象を「鳴泉」と呼ぶ。

熟成された時間が長い普洱茶は、茶湯はすでに穏やかであり、苦み渋みがまったくなく、けれど茶の味はたしかにある。茶湯が口から舌の底に接触するにつれ、舌底面にはゆっくりと生津が起き、小さな泡が次々と湧いてくるような感覚がある。それは茶ポリフェノールが熟成のプロセスのなかで、酸化、加水分解、合成、熱分解などの化学反応を経て、「両頬生津」或いは「両面生津」を起こすことはないが、新しい成分が生まれそれが「舌底鳴泉」を刺激しておこすからである。

「舌底鳴泉」の美しさは、「両頬生津」や「舌面生津」をはるかに超えている。生津のプロセスはさらにゆっくりとしていて長く続き、細やかで軽く滑らかであり、生津の感覚はさらに柔らかく穏やかで、生津の境地は極致に達したかのようである。

つまり、普洱茶には、甘み、酸み、苦み、渋み、うまみ、醇、厚、滑、薄、利の口当たりがある。後味として、回甘、潤、生津がある。「両頬生津」は滝のようで、荒々しく急速である。「歯頬生津」は細やかな渓流のようで、柔らかくしっとりしている。「舌面生津」は、甘露のように潤い柔らかく細やかである。「舌底鳴泉」は、こんこんとわき続ける泉のようで、軽く、滑らかで、安らぎに満ちている。茶の味わいの意は味の評定、その妙は味の趣である。茶を評定するプロセスは、享楽のプロセスであり、質、量、温度と時間を理解すれば、その真味を出すことができる。

普洱茶の香気の品質鑑定

香りは茶の品質鑑定においてもっとも表面的な鑑賞であり、嗅覚を使う。一般的にいって、香りを味わうと直接的な愉快さとふわりふわりとした感じが得られる。

普洱茶の原料の産地は広く、季節は長く、等級は多く、加工技術も種類が多い。ゆえに普洱茶の産地区域の香りの型は非常に複雑である。1つの茶の香りは、1つの地域の特色で、1つの茶葉はまた1つの民族の文化である。

普洱茶の独特な点は、古いほど香りがあるという点である。それぞれ異なる時間と空間を経て転化した茶製品は、熟成も千差万別で、香気は豊かで、風雅が長く続き、普洱茶の品質鑑定のなかで、常に複雑な香気、例えば、蜜や花など複雑な香りに邂逅することができる。基本的な香りの型はおよそ以下の数種類にまとめられる。

① 蘭香《らんこう》

「香於九畹芳蘭気、圓如三鞦皓月輪（蘭の芳香は遥か九畹にまで香り、丸いことは秋月の如し）」。これは普洱茶を描写する最も美しい詩句である。比較的若く柔らかい3級、4級、5級の茶葉で作った普洱茶は、後期の転化を経て、淹れると蘭の花の香りがし、純正で優雅、人を夢中にさせる。

一般的にいって、茶葉の形状がやや細く長く、色つやはやや深緑で、葉底は、細く若い茶葉で、この種類の普洱茶は、長い熟成のプロセスを経て蘭の香りが比較的ダイナミックで濃くなる。やや古い茶葉で加工した茶製品は、熟成ののちの蘭香がさらに清純になる。

後期の転化から生まれる蘭花の香気は、茶が成長する環境と茶葉の等級と関係が非常に深い。普洱茶の品質鑑定の過程のなかでは、茶の生育環境と生育の程度を知れば、茶の香りの変化を予測できる。

② 蓮香《れんこう》

「毛尖《もうせん》」（うぶ毛のついているまだ開いていな

い尖った芽）は穀雨《こくう》（旧暦の3月下旬ごろ）の前に採種したものであり、円盤状にはせず、蓮のように薄く、若い緑色がかわいらしい。芽茶は「毛尖」よりもよりがっしりとしている。女児茶はまた芽茶の類である。穀雨の前に採種した「毛尖」は非常に柔らかく、茶湯は薄くさっぱりとして蓮の香りがある。雲南大葉種の普洱の茶葉は、強烈な青臭い蓮の香りがあり、適切な熟成を経てから発酵され、幼い芽茶からは青臭さが消され、自然な淡い蓮の香りが残る。蓮の香りは、若い柔らかい普洱茶葉から来ている。一般的には固めず散茶にする。後期の熟成あるいは発酵により蓮の香りは茶の香りとなり、普洱茶の包みをあけるとすぐ、その香りが漂う。清らかで優雅な香りが長く続き、普洱茶を語れば、美しさへの感性が高まりゆく。

③ 蜜香《みっこう》

普洱茶の蜜香には、主に3種ある。花蜜香《かみっこう》、果蜜香、蜂蜜香《ほうみっこう》である。花蜜香は、花粉蜜に似て、甘くて刺激があり、花の香りのなかに甘い蜜がかおる。例えば、玫瑰の蜜は、玫瑰の花の香りがするが、同時に馥郁たる蜜の香りがあるのに似ている。蜜の香りのある茶製品では、一般に一定の熟成期間を経て、香りが次第にあらわれる。例えば易武茶では、後期熟成において花蜜香がさらに顕著になる。果蜜香は、甘く、優雅で、普洱茶の典型的な香りである。勐宋那卡茶、景邁茶ではさらに際立っており、品茗杯で嗅ぐことによってさらにはっきりとするので、「挂杯香（杯にひっかかる香り）」とも言われる。蜂蜜香は、蜂蜜の香りに似ていて、一般的には熟茶に顕著である。おもに熟茶の発酵工程によるもので、熟成期間が比較的長く、特に熟成が長い熟茶により顕著である。

蜜の香りは、茶のなかに非常に際立っており、普洱茶の品質鑑定の過程のなかではよく感じられる。ただその具体的な類型については細分化が必要であり、1つにまとめて論じることはできない。

④花果香《かかこう》

普洱茶のなかによく見られる花果香としては、ばらの香り、稲の香り、蘭の香り、金木犀の香り、梅の香り、栗の香りなどがあり、また多くの名前は不明だが際立った野の花の香りがある。

普洱茶の花果香類は非常に種類が多く、育つ区域の違い、また初期の制作技術の違いによって香りの型も異なる。多くの地域に特有の地域香がある。例えば班章老曼娥茶《はんしょうろうまんがちゃ》には、稲の花の香りが、布朗山、巴達山茶には、典型的な梅の香りが、南糯山の茶には優雅な糯米《もちごめ》の香りが、景谷大白茶、格朗和茶にはバラの香り、鳳慶茶には、典型的な蘭の花の紅茶の香りがある。

普洱茶の香気の品質鑑定の複雑さは、花果香の型の判断による。ある種の香気は、よく知っているようだが、よく知らぬようでもあり、知っているようでも何の香りだが嗅ぎ分けることができない。ゆえに品質鑑定を行うなら、日常生活のなかでも各種の花の香りに気を付け、区別し鑑定しなければならない。

⑤清香《せいこう》

清香は、普洱茶のなかにもっともよくみられるもので、典型的な茶の香りであり、よく茶香ともいわれる。若く柔らかい茶葉で作った茶製品は、清香がもっとも顕著である。その香りは、花果香とも、蜜香とも異なる独特の位置があり、香りが清く優雅で本来のままの感覚がある。

清香の普洱茶は主にその原料と生産される季節によるが、一般的にいって、春茶と若い柔らかい茶の清香ははっきりしており、大益の春早茶の清香は突出している。

⑥甜香《てんこう》

甜香には2種類あり、1つは糖香である。カラメルや赤砂糖《あかざとう》に似た香りがし、甘みを感じさせる。もう1つは、無糖のようであるが甘い香りで、純粋な甘い香りである。

甜香は、主に熟茶の発酵プロセスで、大量のセルロースが解体されたのち形成される茶多糖、オリゴ糖、単糖類による味である。そして、発酵成熟が進むと、カラメルの香りがする。

熟茶の品質鑑定のプロセスでは、甜香の概念は広く、もし甜香をさらに細分化するなら香りの型が茶製品を分類する方法になるだろう。

⑦棗香《そうこう》

棗香は、青棗香《せいそうこう》と紅棗香《こうそうこう》に分類される。青棗香は花果香の類型に属し、一般的には、ある地域の生茶製品に含まれ、比較的容易に区別できる。

紅棗香は、熟茶に含まれるもので、甜香のなかに棗香を含む。一般的に、紅棗香は茶の適度な発酵により生まれるもので、発酵が進んでいない半製品では香りがやや薄くさっぱりしているが注意深く嗅ぐと匂いがわかる。後期熟成を終えたあとは、棗《なつめ》の香りが次第にはっきりしてくる。

棗香は大益茶の製品のなかでは際立っており、7572、紅韻圓茶、龍柱などの製品、特に後期熟成の製品のなかでは更に明確である。

⑧木香《もっこう》

木香は、普洱茶のなかによく見られるものだが、定説はない。楠《くすのき》の香りが木香である、という説もあれば、熟成のうえで生まれた陳香が木香ともいわれる。茶製品における木香は、テルペンやビニルフェノールなどから生じており、その多くは茶梗《ちゃこう》（葉と茎の連結部分）が分解され生まれる匂いであり、木の腐敗臭にも似ているが、余韻があり、清らか、優雅で軽やかである。

普洱茶のなかの木香はおもに茎の熟成から生まれ、茎の多い茶は後期熟成が突出している。

普洱茶の品質鑑定においては、木香と陳香の違いに注意すべきである。木香は、直感的に感じることができ、特に茎の多い茶製品に際立っている。対して陳香は、一定の熟成期間を経た茶製品にのみはっきりと感じられる。

⑨ 陳香

普洱茶の「陳香」を味わうのは、高い境地の享楽であり、普洱茶を好む人々は、普洱茶が陳香ゆえに価値があることをみな知っている。それにしても、何が陳香なのだろうか。ある人は、古い木造家屋が発する匂いだといい、灰土の匂いだともいわれるが、前者は木香と取り違え、後者は茶のなかのほこりの匂いと勘違いしている。

陳香は、時間の息吹であり、歴史の息吹であり、古酒の薀蓄に似て、軽やかで優雅、しっとりとして味わいが長く続き、味わう者を酔わせる。陳香は、普洱茶が時の流れのなかで次第に醸し出す香りであり、かぐときには人を酩酊させるようだ。

陳香は、老茶のなかにはっきりと表れ、余韻が長く続き、人を酔わせる。

普洱茶の香りは、類型が多く、全部を述べることはできない。普洱茶の品質鑑定を行い、香りを感じることは、素晴らしい収穫であり、茶製品が違えば、香りの型も違い、複雑であり、時間が違えば香りが違いそこに趣がわく。人々は普洱茶の香りによって、普洱茶の真実、物語、心境を知り、共鳴する。

第五章

大益普洱茶の品質鑑定実例

第一節　生茶製品の品質鑑定実例

大益普洱生茶の品質鑑定では、主に「大益論茶」の生茶製品及び著名な製品を対象に、比較鑑定を通じて各商品の差異や特徴を整理する。ここでは主に経典、臻品、皇茶の３つのシリーズに分けて述べる。

経典シリーズ

経典シリーズの茶は販売規模、市場占有率、ブランド、文化的な意味合いの４つの側面から全面的に大益ブランドを支えており、大益製品群における最も基本的で重要な構成要素である。

1　大益甲級沱茶《だいえきこうきゅうだちゃ》

適度な柔らかさの雲南大葉晒青毛茶《さいせいもうちゃ》を精製加工し生産している。柔らかい葉とやや成長した茶葉を組み合わせ、形状は柔らかくふくよか、茶葉は整い大きめに見える。この茶葉はしっかりとしたまろやかさ、爽やかさや香りが兼ね合わされ、大益甲級沱茶の独特なスタイルと魅力を特徴とする。

仕様：110g／個

形：沱茶（饅頭型で真ん中にへこみがある）

包装：通常包装

製品特徴：黄緑色で、茶葉が細くてしっかりと押し固められている。高級茶葉で作られる。淹れた時の茶湯は明るく浅い黄色で、馥郁な産毛の香り（毫香《ごうか》）がある。厚みのあるまろやかな味。

品質鑑定：110g大益甲級沱茶〈103〉

専門的評価

外形：丸く整っていてふくよかにまとまり固まっている。

茶湯の色：澄んだ黄色。

香り：豆の香り。タバコの香り。

味：しっかりとしたまろやかさ。かすかな苦味とやや渋味。強い生津が起こる。

葉底：黄緑色でやや赤い。

蓋碗で淹れる（220㎖：10g）

1煎目：澄んだ黄色。穏やか。やや渋い。タバコの香り。

2煎目：澄んだ黄色。しっかりとしたまろやかさ。苦味がある（先に苦が来る、後に渋みが来る）。生津が早い。強いタバコの香り。豆の香りもはっきりとしている。

3煎目：澄んだ黄色。まろやか。渋味がある。タバコの香りも少し含まれて生津が起こる。

4煎目：はっきりとした黄色。まろやか。苦味と渋味を少し感じる。

大益甲級沱茶

裏

表

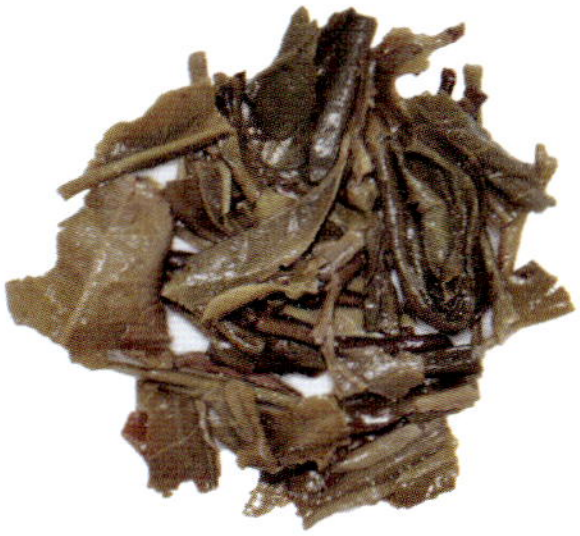

葉底

茶湯の色

2　7532《ななごうさんに》《チーウーサンアル》青餅

本製品は勐海《もうかい》《モンハイ》茶廠が細かな茶葉としっかりした茶葉のブレンドから生みだした茶である。早期雪印青餅《せついんせいびん》の復刻版で、精巧に作られた高級生茶である。まろやかで、爽やかな味。

仕様：357g／枚、660g／枚

製品の形：餅茶《へいちゃ》（円盤形の茶）

包装：通常包装

受賞：第3回中国国際茶葉博覧会特別賞金賞

製品特徴：茶葉は細くてしっかり密度がある。葉に細かい産毛（芽毫《がごう》）が多い。味にコクがあり、香りよく回甘があり、口当たりがきめ細やかでさわやか。

品質鑑定：7532青餅〈202〉

専門的評価

外形：しっかりした円盤形。茶葉が均一に分布されている。緊密さがある。

茶湯の色：澄んだ黄色。

香り：純粋ですがすがしい柔らかい香り。

味：まろやか。やや苦味と渋味。

葉底：黄緑色。茶葉が均一で、少し茎が含まれている。

蓋碗で淹れる（220ml：10g）

1煎目：はっきりとした黄色。比較的まろやか。皿の底に蜜の味が強く感じられ、回甘がある。

2煎目：はっきりとした黄色。かすかな苦味と渋味。かすかなタバコの香り。回甘を感じ、生津が起きる。茶碗の底に香りが長い間残る。

3煎目：はっきりとした黄色。最初、苦味があって（苦味がすぐ溶ける）、渋味が強くなる。回甘が強く、生津が起きる。茶碗の底に香りが残る。

4煎目：はっきりとした黄色。苦味と渋味を少し感じる。生津が起きる。茶碗の底に薄い香りが残る。

7532 青餅

裏

表

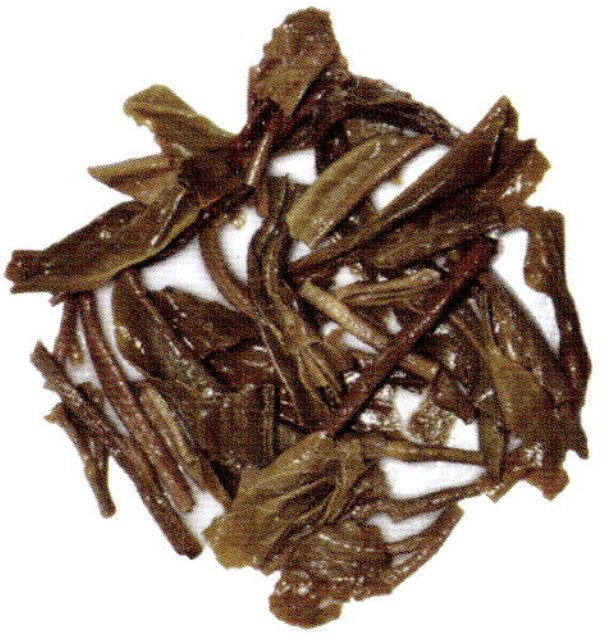
葉底

茶湯の色

３　7542《ななごよんに》《チーウースーアル》青餅

勐海茶廠の生産量が一番多い青餅である。餅の中心はやや成長した茶葉で、表面は若くて柔らかい葉で作られる。そのため、餅がしっかり固まっている状態で、色つやがより濃く、茶葉には細かい産毛（芽毫）が見られる。この茶は保存し時が経つにつれて芳醇に変化していく。「普洱生茶の評価における基準品」とされる。

仕様：３５７g／枚

形：餅茶

包装：通常包装

製品特徴：純粋な香りが長く続く。花果の香りもしている。しっかりと厚みのある味、回甘を感じる。茶湯ははっきりとした黄色で、葉底は均一である。

品質鑑定：７５４２青餅

専門的評価

外形：しっかりした餅の形、緊密さが恰度いい。表面の茶葉は均一性があり、細い産毛（芽毫）が見える。

茶湯の色：オレンジ色。

香り：純粋。

味：まろやか。苦味と渋味を少し感じる。

葉底：黄緑色でやや紅色、少し茎が含まれ、比較的、均一性がある。

蓋碗で淹れる（220ml：10g）

１煎目：澄んだ黄色。柔らかくて甘い。

２煎目：緑黄色。やや苦い。回甘を感じる。茶碗に香りが残る。

３煎目：澄んだ黄色。苦味と渋味を少し感じる。回甘がある。

４煎目：澄んだ黄色。苦味と渋味を少し感じる。回甘がある。

7542 青餅

裏

表

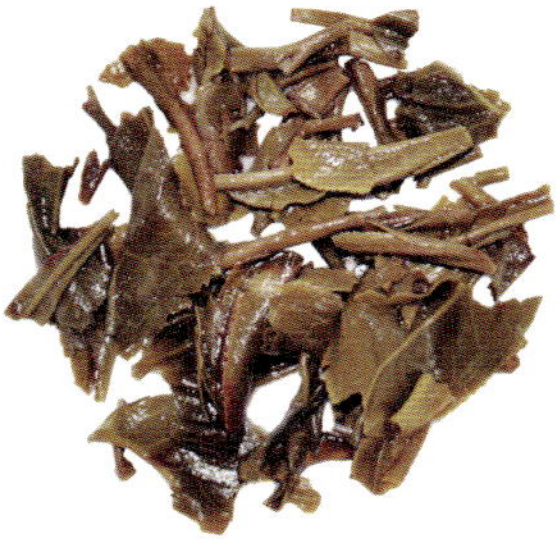

葉底

茶湯の色

4　8582《はちごはちに》《バーウーバーアル》青餅

勐海茶廠が1985年に研究開発に成功した茶。当時は香港南天貿易会社のみに販売。7542と同じ著名なブレンド方法で作った茶である。中心の茶葉は相対的に成熟している、ペクチンの量が少ない。そのため粘度が比較的弱く、茶葉間の隙間がより大きく、空気と十分に接触するため、発酵しやすい。

仕様：357g／枚

形：餅茶

包装：通常包装

製品特徴：丸くて厚い。成長した茶葉で、しっかりとしたまろやかさがある。純粋な香りがする。

品質鑑定：357g8582青餅〈301〉

専門的評価

外形：しっかりした餅の形。緊密さが恰度よい。表面の茶葉は均一に分布されている。

茶湯の色：はっきりとした黄色。

香り：タバコの香り。やや古臭い香りがある。

味：まろやか。苦味と渋味を少し感じる。

葉底：黄緑色。やや紅色。茶葉が太く、均一性に欠ける。

蓋碗で入れる（220ml：10g）

1煎目：澄んだ黄色。まろやか。やや渋い。少しタバコの香りがある。渋味あり。回甘を感じ、生津が起こる。

2煎目：澄んだ黄色。まろやか。苦味と渋味を少し感じる。少しタバコの香りがする。

3煎目：澄んだ黄色。まろやか。苦味と渋味を少し感じる。回甘を感じ、生津が起こる。少しタバコの香りがし、渋味が強い。

4煎目：澄んだ黄色。まろやか。苦味が強く、やや渋い。回甘が長く続く。

5煎目：はっきりとした黄色。まろやか。苦味と渋味を少し感じる。回甘がある。生津が起こる。

8582 青餅

裏

表

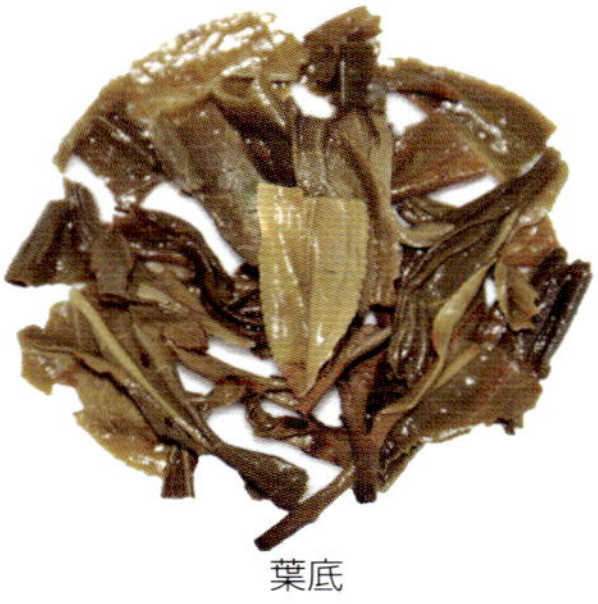

葉底

茶湯の色

5　8542《はちごよんに》《バーウースーアル》青餅

勐海茶廠が7542の品質をもとに研究し作り上げた製品である。使用する茶葉はより成長した葉で、味はより濃厚。2005年に中国国際茶博会品質賞を受賞。

類型：餅茶

仕様：400g／枚

包装：伝統包装

製品特徴：太い若葉。まろやかな渋み。やや苦味と渋味がある。回甘を感じる。生津が起こる。

品質鑑定：357g8542青餅〈301〉

専門的評価

外形：しっかりした餅の形。固まり具合が恰度いい。表面の茶葉は均一的に分布されている。

茶湯の色：澄んだ黄色。

香り：純粋。

味：まろやか。苦味と渋味を少し感じる。

葉底：黄緑色でやや赤い茎があり、比較的均一性がある。

蓋碗で淹れる（220㎖：10g）

1煎目：緑黄色。やや渋い。茶碗に香りが残る（蜜香）。

2煎目：緑黄色。若芽の香りがして爽やか。苦味と渋味を少し感じる。茶碗に香りが残る。

3煎目：澄んだ黄色。やや苦い。回甘を少し感じる。生津が少し起こる。茶碗にかすかな香りが残る。

4煎目：はっきりとした黄色。苦くてその後、渋味が出てくる。

8542 青餅

裏

表

葉底

茶湯の色

6　7742《ななななよんご》《チーチースーアル》青餅

勐海茶廠が3年から5年をかけて自然熟成させた茶葉を原料に作った熟成の味わいに溢れる青餅茶である。普洱茶の品質にこだわる茶人の要望を満たすことができる。

仕様：357g／枚

形：餅茶

包装：通常包装

製品特徴：澄んだオレンジ色。ゆったりした陳香。濃厚さがありながら、滑らかで爽やかな感じ。回甘が特徴。

品質鑑定：357g7742青餅〈102〉

専門的評価

外形：しっかりした餅の形。表面の茶葉は均一的に分布されている。比較的しっかりと固まっている。

茶湯の色：オレンジ色。

香り：純粋。陳香が出始める。

味：まろやか。苦味と渋味を少し感じる。

葉底：深みのある黄緑色。少し赤い茎が含まれている。比較的均一性がある。

蓋碗で淹れる（220㎖：10g）

1煎目：澄んだ黄色。柔らかい口当たり。清香。

2煎目：光沢のある黄色。ふくよかな香り。少し苦味がある。回甘を感じる。皿の底に蜜糖香と若芽の香り（芽香）が残る。

3煎目：光沢のある黄色。しっかりとしたまろやかさ。最初はかすかな苦味と渋味がある。生津がゆっくりと長く続く。茶碗の底に密香が残る。

4煎目：光沢のある黄色。味のほとんどが苦味であるが、回甘がある。茶碗に蜜香が残る。

7742 青餅

裏

表

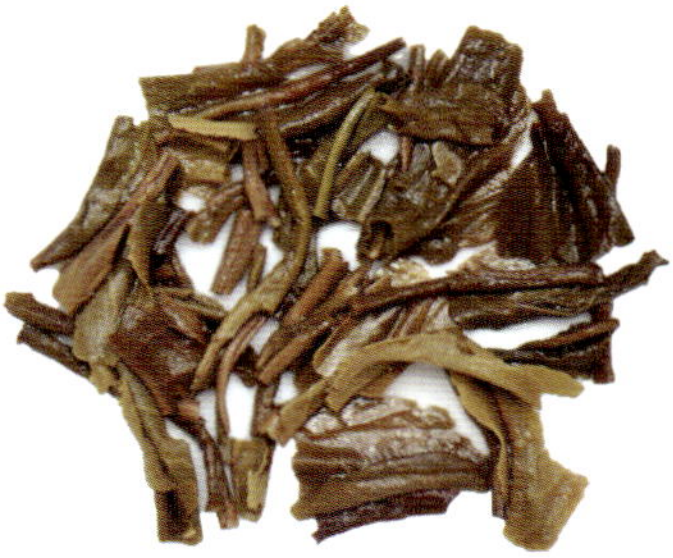

葉底

茶湯の色

7　普知味《ふちみ》青餅

勐海茶廠でつくられ、美味として知られている。普洱茶の味を向上させることを目的に、技術の最適化と「本来の味を知り、本物の味を得る」という核心理念に沿い、口当たりの良い製品を開発した。「普知味」生茶は勐海高山地域で成長した茶葉を原料とし、勐海高山茶元来の味を保ったうえで、新たに消費者の好みを参考にし、大葉種茶の独特な苦味を減らし、淡く優雅な味に仕上げた。

仕様：357g／枚

形：餅茶。

包装：通常包装。

製品特徴：ふっくらとした厚みのある陳香。

品質鑑定：357g普知味青餅〈102〉

専門的評価

外形：ふくよかで緊密さが恰度いい固まりとなっている。表面の茶葉は均一的に分布されている。茶葉に生えている細かな産毛（毫）が見える。

茶湯の色：澄んだオレンジ色。

香り：陳香と少しタバコの香り。

味：ふっくらとしたまろやかさ。

葉底：ダークグリーン。やや赤い茎があり。

蓋碗で淹れる（220㎖：10g）

1煎目：はっきりとした黄色。まろやか。苦味と渋味を少し感じる。

2煎目：はっきりとした黄色。まろやか。苦味と渋味を少し感じる。陳香が出てくる。

3煎目：はっきりとした黄色。まろやか。苦味と渋味を少し感じる。陳香あり。

4煎目：はっきりとした黄色。苦味と渋味を少し感じる。陳香あり。

普知味青餅

裏

表

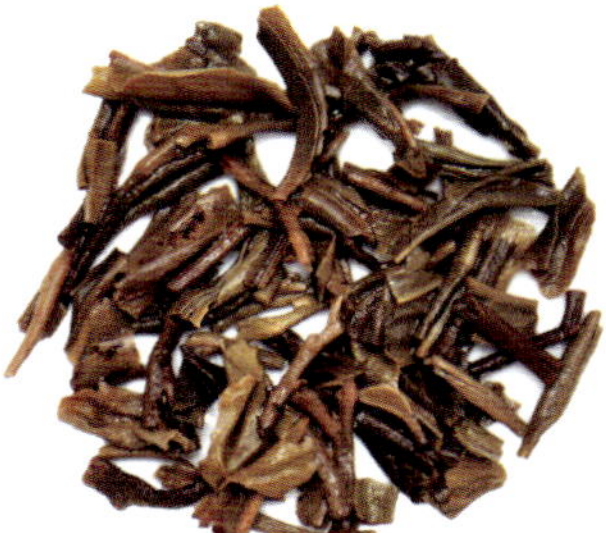

葉底

茶湯の色

臻品《しひん》シリーズ

臻品は大益製品における高級製品で、普洱茶の中心的産地——瀾滄《らんそう》江流域の著名な茶山の茶葉を原料とし、茶葉産地の優位性を特徴としている。時間をかけて熟成させた臻品は個性溢れた品質の製品が揃っている。

大益牌
易武正山
普洱茶(生茶)
净含量: 357g
勐海茶厂・中国云南西双版纳

1　龍騰盛世青餅《りゅうとうせいせ》

「龍騰盛世」は大益グループが精力を傾けて開発した生肖《せいしょう》（十二支の動物）青餅の傑作である。〈茶海明珠《ちゃかいめいじゅ》〉と称せられる布朗《ぷろう》山のやや成長した上等な茶葉と臨滄大茶樹晒青毛茶を原料として、「国家無形文化遺産」に登録された大益茶加工技術を使用して、精魂込めて作られたものである。

本製品の包装は独特な技術で巧みにできている。内部包装に使われる紙の地色が金で、左側には中国の漢字「龍」が中国伝統の書風で書かれ、右側には伝統的な龍の模様が精緻に描かれ、一字一画、一意一形の相乗効果となっている。植物纖維の紙には日時計の目盛りが施され、中国古代の暦法十二支が環になり、禅の趣に溢れている。

この製品は中国伝統文化（茶、書道、絵、紀年）と現代包装の風格を併せ持ち味わう人を楽しませてくれる。

仕様：357g／枚

包装：通常包装

製品特徴：しっかりした円盤形で、光沢がある。ふくよかな茶葉で、つやがある。深緑色。茶湯ははっきりとした黄緑色。しっかりとした純粋な香り。濃密で豊かな味が長く続く。爽やかで、鮮爽と回甘を感じる。

品質鑑定：357g龍騰盛世青餅〈201〉

専門的評価

外形：しっかりした餅の形。固まりの緊密さが恰度よい。

茶湯の色：光沢のある黄色。

香り：やや蜜の香り。

味：まろやか。苦味と渋味を少し感じる。ふくよか。口に含むと甘さを感じる。

葉底：黄緑色。わずかに紅くなった茎がある。比較的均一性がある。

蓋碗で淹れる（220ml：10g）

1煎目：光沢のある黄色。まろやかで渋い。濃厚な蜜香が長く続く。

2煎目：光沢のある黄色。しっかりとしたまろやかさ。苦味と渋味を少し感じる。花香とタバコの香り。
３煎目：光沢のある黄色。しっかりとしたまろやかさ。苦味と渋味がある。
４煎目：光沢のある黄色。まろやかで、少々苦い。
５煎目：光沢のある黄色。厚みのある穏やかさと渋さ。

龍騰盛世青餅

裏

表

葉底

茶湯の色

2　布朗山孔雀《ふろうざんくじゃく》青餅

布朗山は全国唯一のブーラン（布朗）族の故郷である。ブーラン族は古代濮人の後代で、古い歴史をもつ少数民族である。古くから茶樹を栽培し、茶葉を加工し、茶を飲んできたとされ、茶葉加工の始祖とも言われる。布朗山地域はシーサンパンナの有名な古い茶園地域で、有名な班章茶山《はんしょうちゃざん》がある。そこでは6平方キロメートル以上にわたり古い茶樹が栽培されている。布朗茶区は雲南省シーサンパンナ州勐海県に位置し、平均海抜は約1700mである。茶樹はうっそうとした熱帯原始林に育てられ、雲霧に囲まれ、茶葉の品質に特色が生まれる。

布朗孔雀は布朗茶区の品質のいい茶葉を選んで作られるため、若葉は非常に肥え、白い細かな産毛（白毫《はくごう》）がびっしりとついている。

仕様：357g／枚

包装：贈答用包装

製品特徴：若葉は深緑で非常に光沢がある。茶葉は太く柔らかく、瑞々《みずみず》しい。茶湯は、はっきりとした黄色。茶の味は豊かで濃密で、茶の気が満ちており、苦味と渋味はバランスが取れ、それらの味が溶け合い、豊かな後味が長く続く。

品質鑑定：357g布朗山孔雀青餅〈801〉

専門的評価

外形：しっかりした円盤形。表面の茶葉は均一に分布している。若芽に白い細かな産毛（芽毫）が見える。

茶湯の色：オレンジ色。つやがある。

香り：明確な陳香。強いタバコの香り。

味：まろやか。苦味と渋味を少し感じる。回甘がおいしい。

葉底：黄緑色。少々暗い。やや赤い茎が含まれ、比較的均一性がある。

蓋碗で淹れる（220ml：10g）

1煎目：澄んだ黄色。陳香が出始め、蜜香もある。まろやか。回甘がゆっくりと感じられる。

2煎目：金色。少しタバコの香り。ふっくらとした厚みがある。苦味と渋味を少し感じる。茶碗の底にカラメルの香りが残る。

３煎目：光沢のある黄色。厚みのあるまろやかさ。少しタバコの香り。苦味と渋味を少し感じる（化しやすい）。回甘があり、皿の底にいい香りが残る。

４煎目：金色（透き通っている）。まろやか。ほのかな苦味そしてやや渋味。回甘がある。少しタバコの香り。皿の底に芳香が長く続く。

布朗山孔雀青餅

裏

表

葉底

茶湯の色

3　銀孔雀《ぎんくじゃく》青餅

巴達《はたつ》、勐海、勐宋茶山の大葉種晒青茶を原料とし、心を込めて開発した茶である。巴達の深さと勐海の重厚さと勐宋の香りを備えていて、美しくバランスがとれている。

仕様：357g／餅、400g／枚。

形：餅茶

包装：通常包装

製品特徴：茶湯は透き通った金色である。しっかりした厚みのあるまろやかさと熟成による味わいが明らか。

品質鑑定：357g銀孔雀青餅〈201〉

専門的評価

外形：しっかりした円盤形。固まりの緊密さが恰度よい。表面の茶葉は均一に分布している。茶葉に生えている細かな産毛（毫）が見える。

茶湯の色：透き通った金色。

香り：純粋。少し陳香あり。

味：厚みのあるまろやかさ。

葉底：黄緑色。柔らかい。

蓋碗で淹れる（220ml：10g）

1煎目：澄んだ黄色。まろやか。苦味と渋味を少し感じる。生津がすぐに起こり、回甘がゆっくり感じられる。花香がある。

2煎目：澄んだ黄色。まろやか。ふくよかな香り。苦くてやや渋い。回甘が感じられる。花香がある。

3煎目：オレンジ色。苦くてやや渋い。回甘が感じられる。花香がある。

4煎目：光沢のある黄色。まろやか。苦味と渋味を少し感じる。回甘が感じられ、生津が起こる。

銀孔雀青餅

裏

表

葉底

茶湯の色

4　勐海《もうかい／モンハイ》之春《のはる》青餅

冬が終わり、若葉が芽を出し始める。その若葉で作り上げた茶を「春茶《しゅんちゃ》」という。春の適温と十分な降水に恵まれ、半年の休養で再び蘇った茶樹たちが一層健やかになり、芽吹いてきた若葉は太く、瑞々しくて柔らかである。そこにはビタミンとアミノ酸が豊かに含まれている。

当製品は2006年に研究開発に成功した。当初は400g／枚であったが、後に357g／枚にしている。全てが勐海早春の茶葉で精製され、若い茶葉と成長した茶葉で作られている。

仕様：400g／枚、357g／枚

形：餅茶

包装：通常包装

製品特徴：しっかりした円盤形。緊密さが恰度よく、表面の茶葉は均一に分布されている。茶葉に白く細かな産毛（白毫）が見える。茶湯の色ははっきりとした黄色で、味にはうまみがあり、産毛の香り（毫香）が際立ち、花果香も顕著である。総合的な質は極めて高い。

品質鑑定：357g勐海之春〈201〉

専門的評価

外形：しっかりした円盤形。固まりの緊密さが恰度よく、表面の茶葉は均一に分布。茶葉に細かな白い産毛（芽毫）がはっきり見える。

茶湯の色：緑黄色。

香り：香ばしい花の香り。

味：まろやか。やや苦い。回甘と生津が早く感じられる。

葉底：黄緑色。若くて柔らかい。わずかに紅褐色が見える。比較的均一性がある。

蓋碗で淹れる（220㎖：10g）

1煎目：澄んだ黄色で、光沢がある。まろやか。口に入れると甘みがある。回甘が早く感じられ、産毛の香り（毫香）と花香が強い。

2煎目：澄んだ黄色で、光沢がある。まろやか。回甘が早い。清香がある。

3煎目：光沢のある黄色。まろやかで、厚みがある。苦味がやや強い。回甘が感じらる。清香がある。
４煎目：光沢のある黄色。まろやか。やや苦い。回甘がある。茶碗の底に芳香が長く残る。
５煎目：光沢のある黄色。まろやか。苦味と渋味を少し感じる（先に苦味で、続いて渋味）。

勐海之春青餅

裏

表

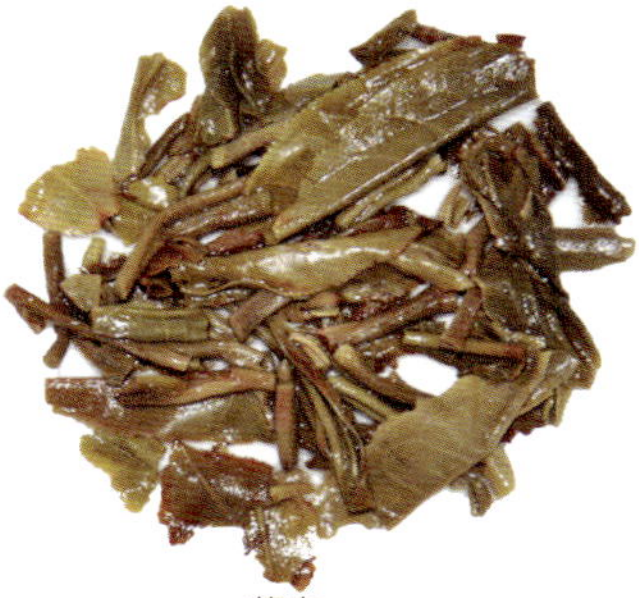
葉底

茶湯の色

5　高山韻象《こうざんいんしょう》生餅

瀾滄江流域の質の高い晒青毛茶のみを選び、独特な高い技術で精製した茶である。

形：餅茶

包装：持ち手のある箱の包装

製品特徴：茶湯は澄んだオレンジ色でとても光沢がある。ふっくらとした厚みのある香り。豊かな味わいが調和している。回甘が感じられ、生津が起こる。香ばしい香りが長く続き、高山茶の独特で悠々たる味わいを楽しめる

品質鑑定：357g高山韻象青餅〈201〉

専門的評価

外形：しっかりした円盤形。緊密さがあり、表面の茶葉は均一に分布されている。

茶湯の色：光沢のあるオレンジ色。

香り：純粋。かすかなタバコの香り。

味：まろやか。苦味と渋味を少し感じる。

葉底：黄緑色でやや赤い茎がある。均一性に欠ける。

蓋碗で淹れる（220㎖：10g）

1煎目：澄んだ黄色。少々タバコの香り。回甘がかすかに感じられる。

2煎目：澄んだ黄色。かすかな苦味と渋味。回甘がかすかに感じられる。かすかなタバコの香り。茶碗の底にいい香りが続く。

3煎目：オレンジ色。口に入れた瞬間苦みがはっきりしておりやや渋い。回甘がかすかに感じられ、かすかなタバコの香り。

4煎目：光沢のある黄色。まずは苦味で、そして渋味（苦くてやや渋い）。

高山韻象生餅

裏

表

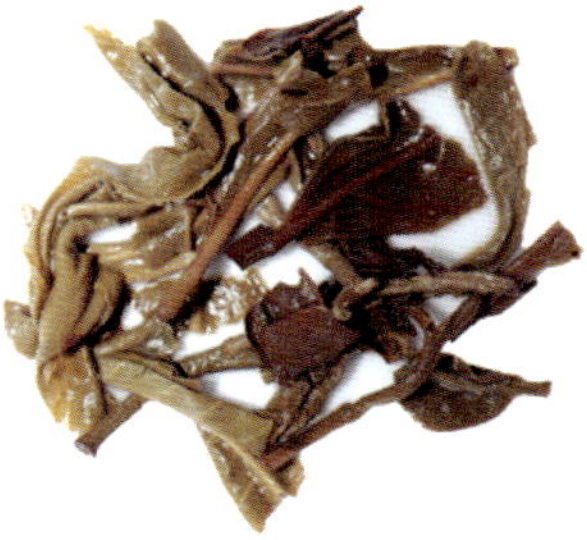
葉底

茶湯の色

6　銀大益《ぎんだいえき》青餅

普洱茶の中核的産地である勐海茶区の質の高い晒青毛茶を主原料として独特な調合方法で作った茶。含まれる物質が豊富で、保存することで更に味わいが深まる。「国家無形文化遺産」に登録された大益茶加工技術を使用し、丁寧に作った茶である。

仕様：357g／枚

形：餅茶

包装：通常包装

製品の特徴：太めの若葉。茶葉に細かい産毛（毫）が見える。厚みのあるまろやかさ。豊かな口当たり。香りが純粋で長く続く。

品質鑑定：357g銀大益青餅〈201〉

専門的評価

外形：しっかりした円盤形。緊密さが適度。茶葉に細かな産毛（芽毫）がある。表面の茶葉は均一に分布されている。

茶湯の色：オレンジ色。光沢がある。

香り：花香と蜜香が濃厚である。

味：濃厚。苦味と渋味が少しある。ふくよか。回甘と生津が強く起こる。

葉底：やや暗い黄緑色。やや赤い茎がある。比較的均一性がある。

蓋碗で淹れる（220㎖：10g）

1煎目：澄んだ黄色。光沢がある。厚みのあるまろやかさ（口にすると甘い）。ふくよかで、調和が取れている。回甘と生津が強く起こる。

2煎目：光沢のある黄色。厚みのあるまろやかさ（口にすると蜜の甘さがする）。ふくよかで、調和がとれている。やや渋い（変化しやすい）。生津が強く起こる。

3煎目：光沢のある黄色。厚みのあるまろやかさと渋み。回甘と生津が強く感じられる。

4煎目：光沢のある黄色。しっかりとしたまろやかさ（口にすると甘い）。やや渋い。茶碗に芳香が残る。

5煎目：光沢のある黄色。しっかりとしたまろやかさ。渋い。口にすると甘い。回甘と生津を強く感じる。

銀大益青餅

裏

表

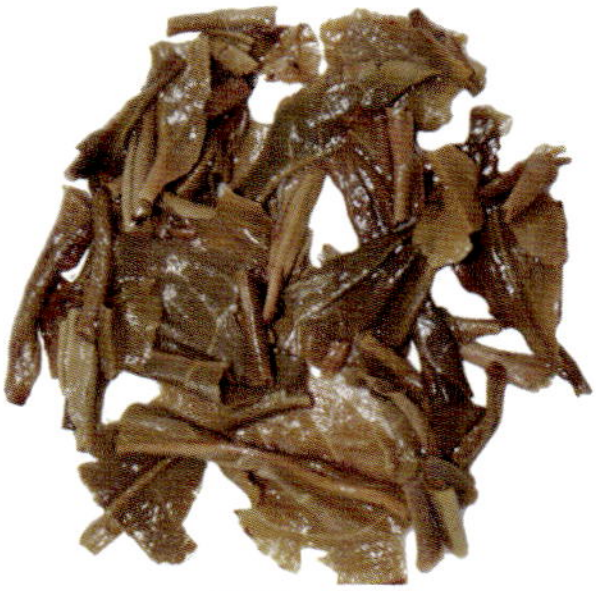
葉底

茶湯の色

７　易武正山青餅《いぶせいさん》

史料によると、「易武茶はもっとも優れた普洱茶」である。優しく、品のよい蜜香と回甘で知られている。清の時代の献上茶（貢茶《こうちゃ》）の中で最も高価な茶で、その茶葉の値段は黄金と同じであると称せられたほどである。特徴は４点ある。①茶湯は柔らかく苦味と渋味は弱く、回甘と生津は速く、しかも長く続く。②茶碗に独特な芳香が長く残る。③何度も淹れることができる。④熟成が速い。

易武正山青餅は易武茶区の高級春茶を使用し、大益のブレンド方法で精巧に加工し精製された茶である。仕様は３５７ｇ／餅で、１箱に７つの餅茶が入っている。恵まれた環境と深い歴史文化のうえに大益の高い技術が加わり、「易武正山」という絶妙な茶が生まれた。

茶湯の柔らかさと滑らかさ、そして熟成の速さが特徴の一品である。

仕様：３５７ｇ／枚

形：餅茶

包装：通常包装

製品特徴：円盤の表面の茶葉は太く、茶湯は光沢のある黄色である。純粋な香りが長く続く。まろやかで、回甘は速く、そして長く続く。

品質鑑定：３５７ｇ易武正山青餅〈２０１〉

専門的評価

外形：しっかりした餅の形。緊密さが恰度よい。円盤形表面の茶葉が太く、茎が見える。

茶湯の色：光沢のある黄色。

香り：蜜香がある。

味：柔らかい。苦味と渋味が少しある。口にすると甘い。

葉底：やや暗い黄緑色で少し赤い色となる。茎がある。葉ががっしりしている。均一性がある

蓋碗で淹れる（２２０㎖：10ｇ）

１煎目：澄んだ黄色。穏やか。

２煎目：澄んだ黄色。厚みのある穏やかさ。清涼感がある。

3煎目：澄んだ黄色。柔らかい。かすかな深みがある。渋くて清涼感がある。回甘と生津をやや感じる。

4煎目：澄んだ黄色。柔らかい。深みがある。渋い。回甘が感じられ、生津が起こる。

5煎目：光沢のある黄色。穏やか。

易武正山青餅

裏

表

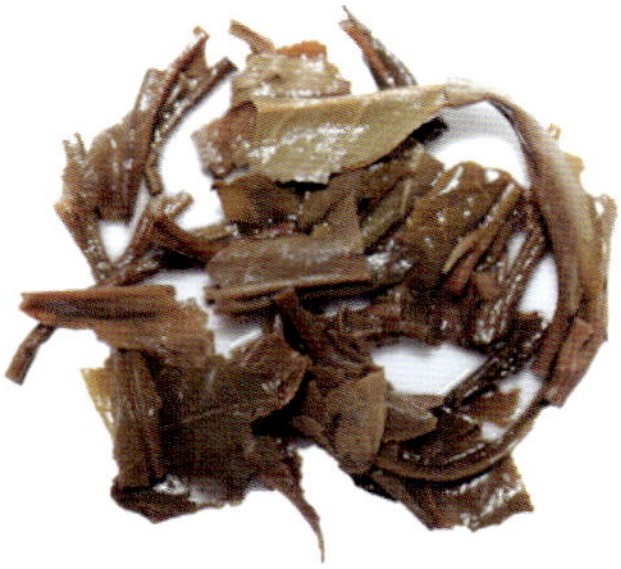
葉底

茶湯の色

皇茶シリーズ

皇茶シリーズは大益商品群の中で高級製品と位置付けられる。普洱茶の中心的産地の高山茶を原料に作られたもので、恵まれた自然のなかで育まれた原料は時間をかけて自然熟成され、大益の独特なブレンド技術と豊かな資源を使い、独特な味わいの品質となっている。

1　龍印青餅《りゅういんせいびん》

シーサンパンナにある勐海茶区の良質な晒青毛茶のみを原料とし、3年から7年間、自然熟成させたもので、品質が良く味わいもある。有名な茶の産地である山の粋を集め、大益の高いブレンド技術を用い、心を込めて開発したこの茶は、茶葉がもつ特性を生かし、さらに品質のバランスをよく調和させ、独特の口当たりに仕上げている。

仕様：357g／餅

形：餅茶

包装：持ち手のある箱の包装

製品特徴：豊かな味わい。品質が優れている。茶湯の色は、光沢のあるオレンジ色。純粋な香り、陳香あり。厚みのあるまろやかさとふくよかさ。甘くて、芳醇な口当たり。調和のとれた悠々たる味わい。

品質鑑定：357g龍印青餅〈201〉

専門的評価

外形：しっかりした円盤形。茶葉が太く、緊密さが適度。

茶湯の色：澄んだ黄色。

香り：純粋。

味：まろやか。苦味と渋味がある。

葉底：黄緑色でやや赤い茎が含まれ、比較的均一性がある。

蓋碗で淹れる（220㎖：10g）

1煎目：浅い黄色で光沢がある。まろやか。やや苦い（変化しやすい）。ふくよか。回甘がある。かすかなタバコの香り。

2煎目：澄んだ黄色。しっかりとしたまろやかさ。苦味と渋味が少しある（まずは苦味で、そして渋味。苦味に変化しやすい）。口に入れると甘い。滑らか。ふくよか。回甘があり、生津が起こる。かすかなタバコの香り。

3煎目：光沢のある黄色。強いタバコの香り。しっかりとしたまろやかさ。かすかに清涼感のある苦味がある。すぐに変化しやすい。回甘が感じられ、生津が起こる。

４煎目：光沢のある黄色。まろやか。苦味と渋味が少しある。回甘がおいしく、生津が起こる。

５煎目：浅い黄色。つやがある。まろやか、かすかに苦い（清涼感のある苦味）。

龍印青餅

裏

表

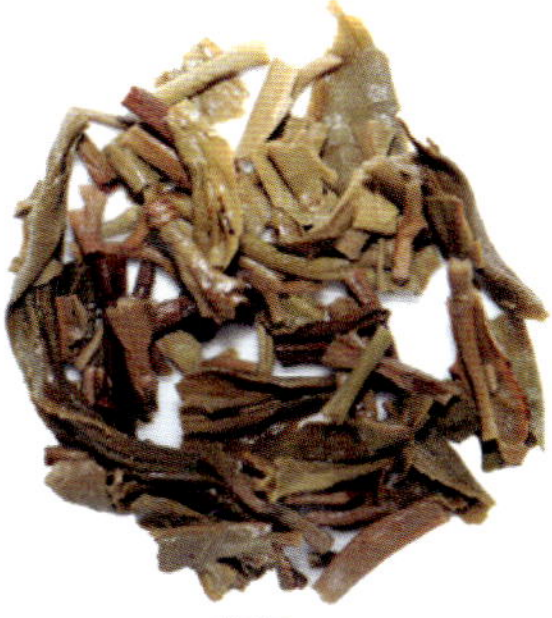

葉底

茶湯の色

2　宮廷《きゅうてい》青餅

宮廷普洱は古代には普洱貢茶とも呼ばれ、皇室や貴族に献上するための茶であった。清の阮福《げんふく》『普洱茶記』によると、「2月の間に細く白い若芽を摘み採り作った茶を毛尖と言い、貢物として使われる。献上が終わった後にはじめて一般人への販売が許される」である。宮廷普洱は身分の象徴で、皇室の血統ではない人間には普通は縁のないものであった。身分の高い開国の元勲であっても、宮廷に三代に仕える権力者の元老であっても、特別な手柄を立てるか、あるいは公務を円満に終わらせ帰郷する際の「千叟宴《せんそうえん》」以外には、普洱貢茶を味わうことはできない、といわれていた。

仕様：250g／枚。

形：餅茶

包装：通常包装

製品特徴：若葉が多い。緊密さが適度。乾茶《かんちゃ》香りが十分。茶湯の色は澄んだ黄色で光沢あり。味は厚みのあるまろやかさとうまみが揃い、若葉の香りと産毛の香り（毫香）がする。葉底も繊細で柔らかい。

品質鑑定：250g宮廷青餅〈701〉

専門的評価

外形：しっかりした円盤形。ふくよかで緊密である。茶葉がきれいに押し固められている。黄緑色。つやと潤いが備っている。茶葉に細かな白い産毛（白毫）が見える。

茶湯の色：赤みがかったオレンジ色。光沢あり。

香り：若々しい香り。

味：厚みのあるまろやかさ。回甘が感じられる。

葉底：緑黄色。柔らかい。

蓋碗で淹れる（220㎖：10g）

1煎目：澄んだ黄色。まろやか。苦味と渋味が少しある。産毛の香り（毫香）。蜜香と陳香。

2煎目：澄んだ黄色。しっかりとしたまろやかさ。苦味と渋味が少しある。産毛の香り（毫香）。蜜香と陳香。

3煎目：オレンジ色。光沢あり。しっかりとしたまろやかさ。苦味と渋味が少しある。回甘があり、生津が起こる。蜜香と陳香。

4煎目：光沢のある黄色。まろやかで、苦味と渋味が少しある。回甘があり、生津が起こる。

宮廷青餅

裏

表

葉底

茶湯の色

３　女児貢餅《じょじこうびん》

上等の晒青毛茶を原料とする茶。曹雪芹《そうせっきん》の『紅楼夢《こうろうむ》』のなかで何回も登場し、愛好者からは逸品と高く評価されている。

仕様：２００g／枚。

形：餅茶

包装：通常包装

製品特徴：銀色の細かな産毛（銀毫）がある茶葉を餅の表面に使う。きれいな餅の形。透き通った茶湯の色。まろやかでうまみがある。甘くて蜜香もする若々しい香り。

品質鑑定：２００g女児貢餅〈１０１〉

専門的評価

外形：しっかりした円盤形。緊密さが適度。表面の茶葉は均一に分布している。茶葉に細かな白い産毛（白毫）が見える。

茶湯の色：オレンジ色。光沢あり。

香り：純粋。少々陳香がする。

味：まろやか。やや渋い。

葉底：黄緑色。若くて柔らかい。

蓋碗で淹れる（２２０㎖：10g）

１煎目：澄んだ黄色。まろやか。苦味と渋味が少しある。蜜香と産毛の香り（毫香）。

２煎目：光沢のある黄色。しっかりとしたまろやかさ。苦味と渋味が少しある。回甘が感じられ、生津が起こる。若々しい香り。

３煎目：光沢のある黄色。まろやか。苦味と渋味が少しある。回甘が感じられ、生津が起こる。若々しい香りと蜜香。

４煎目：光沢のある黄色。まろやか。苦味と渋味が少しある。

女児貢餅

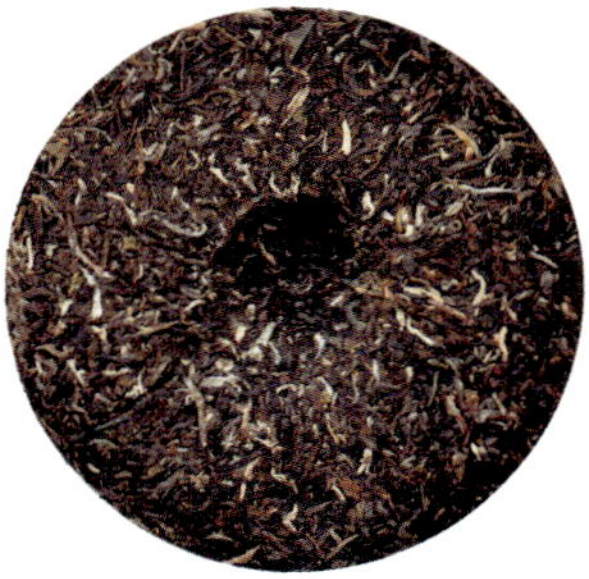
裏

表

葉底

茶湯の色

第二節　熟茶製品の品質鑑定実例

大益普洱熟茶の品質鑑定とは、「大益論茶」の熟茶と人気のある商品を結び付け、比較鑑定することによって、各商品の差異や特徴を整理することでもある。商品体系のなかから、主に経典、臻品、皇茶の3シリーズに分けて述べる。

経典シリーズ

経典シリーズの茶は販売規模、市場占有率、ブランド、文化的意義という4つの側面から全面的に大益ブランドを支えている。大益製品群における最も基本的な構成要素である。

1　7262《ななにろくに》《チーアルリウアル》普餅

経典5種の中における高級熟茶である。香りが繊細で、総合品質がトップレベルで、しかもコストパフォーマンスが高い。勐海茶廠の古典的製品である。

仕様：357g／枚

包装：通常包装

製品特徴：円盤形は真中が成長した太い茶葉で、表面が若芽で作られ、適度に発酵している。厚みのあるまろやかさ。繊細で純粋な香り。

品質鑑定：357g7262普餅〈703〉

専門的評価

外形：表面の茶葉は均一性がある。若々しい産毛（嫩毫）が見える。

茶湯の色：紅褐色。光沢あり。

香り：明確な陳香がする。

味：しっかりとしたまろやかさ。渋い（ほのかに甘く滑らか）。

葉底：褐紅色。青い茶葉あり。

蓋碗で淹れる（220㎖：10g）

1煎目：浅い赤。光沢あり。柔らかくてやや渋い。木香と明確な陳香。皿の底に糖の香りあり（弱い）。

2煎目：褐紅。柔らかくて滑らかな口当たり。はっきりとしたカラメルの香り。

3煎目：褐紅。柔らかくて滑らかな口当たり。はっきりとしたカラメルの香り。

4煎目：透き通った褐紅。柔らかくてやや渋い。

5煎目：透き通った褐紅。穏やかで純粋な陳香。

7262 普餅

裏

表

葉底

茶湯の色

2　8592《はちごきゅうに》《バーウージウアル》普餅

勐海茶廠が1985年に研究し製造した商品。香港南天貿易会社のみに販売していたため、表紙に紫色で「天」字の印がある。愛好者には「天」字の餅茶、あるいは「紫天」の餅茶といわれる。

仕様：357g／枚

形：餅茶

包装：通常包装

製品の特徴：表面の茶葉に細かな金色の産毛（金毫）が見える。茶湯は赤く、光沢あり。純粋な香り。少々陳香あり。まろやか。回甘を感じる。8582と似て、やや熟成した茶葉を使用している。茶葉間の隙間がより広く、熟成が速い。

品質鑑定：357g8592普餅〈202〉

専門的評価

外形：表面の茶葉は比較的均一。細かな産毛（細毫）が見える。裏側の茶葉が太い。

茶湯の色：深みのある紅。

香り：少し甘い香り。

味：まろやかでふくよか。

葉底：紅褐。少々の青い茶葉。成長した太い茶葉。

蓋碗で淹れる（220㎖：10g）

1煎目：明るくて浅い赤。柔らかい。口にすると甘い。ほのかな香り。

2煎目：明るくて深みのある紅。純粋。口にすると甘い。わずかに苦味がある。比較的滑らか。ほのかな香り。

3煎目：明るくて深みのある紅。純粋。バランスがとれている。口にすると甘い。やや滑らかで、生津が起こる。

4煎目：明るくて深みのある紅。純粋。やや渋い。生津が若干起こる。

5煎目：明るくて深みのある紅。平淡。

8592 普餅

裏

表

葉底

茶湯の色

3　普知味《ふちみ》普餅

普知味熟茶は2009年に大益勐海茶厰が製造した美味として知られる茶である。技術を最適化し発酵をコントロールすることで「本来の味を知り、本物の味を得る」という中心的理念に沿い口当たりの良い製品を開発した。

発酵度がより強い茶葉を選んでブレンドした茶である。入門製品で、コストパフォーマンスが高い。

仕様：357g／枚

形：餅茶

包装：通常包装

製品特徴：深みがあり透き通った紅色。純粋な陳香。まろやかでふくよかな味。

鑑定鑑賞：357g普知味普餅〈201〉

専門的評価

外形：しっかりした円盤形。緊密である。表面の茶葉は均一に分布している。金色の細かな産毛（金毫）が見える。

茶湯の色：紅褐。

香り：純粋。少し甘い香り。

味：まろやか。苦味と渋味が少しある。

葉底：紅褐。少し茎が含まれて、わずかに炭化されている。

蓋碗で淹れる（220㎖：10g）

1煎目：浅い紅。口にする際甘い。穏やかで渋い。茶碗にカラメルの香りが残る。

2煎目：深みのある紅。まろやか。わずかに渋い。口にすると甘い。キノコの香りと木香。

3煎目：濃い紅。穏やか。渋い。茶碗に強い香りが残り、飲んだ後に喉に清涼感がある。

4煎目：深みのある紅。口にすると甘い。穏やか。やや渋い。キノコの香りが明らか。

普知味普餅

裏

表

葉底

茶湯の色

4　7572普餅

勐海茶廠のポピュラーな熟茶である。70年代の半ばから現在まで生産されており、多くのファンを持つ。金の細い茶葉が表面を覆って、中央には青い太い茶葉を置き、丁度よく発酵させた茶である。普洱熟茶の評価基準となる茶である。

仕様：357g／枚

形：餅茶

包装：通常包装

製品特徴：褐紅。厚みのあるまろやかな味。茶湯の色はつやのある紅色。総合的に品質が優れている。

品質鑑定：7572普餅〈301〉

専門的評価

外形：しっかりした円盤形。金色の産毛（金毫）が見える。表面の茶葉は均一に分布されている。緊密さが恰度よい。

茶湯の色：深みのある紅。

香り：純粋。

味：厚みのあるまろやかさ。苦味と渋味が少しある。ふくよか。

葉底：褐紅。わずかに茎が含まれる。

蓋碗で淹れる（220㎖：10g）

1煎目：浅い紅。穏やか。苦味と渋味が少しある。

2煎目：深みのある紅。しっかりとしたまろやかさ。苦味と渋味が少しある。回甘を少し感じる。茶碗に香りあり（糖の香り）。

3煎目：濃い紅。しっかりとしたまろやかさ。やや苦くて滑らかな口当たり。茶碗に香りあり。

4煎目：深みのある紅。まろやか。苦味と渋味が少しある。回甘を感じる。

7572 普餅

裏

表

葉底

茶湯の色

5　V93普沱《きゅうさん ジウサン》

1993年の高級な普洱沱茶のブレンド方法を受け継ぐ沱茶である。この茶はちょうど良く発酵しており、総合的品質が高く、勐海茶厰の主力商品である。

仕様：250g／個、100g／個

形：沱茶

包装：通常包装

製品の特徴：濃厚で純粋な味。紅褐色の茶湯の色。陳香。葉底は均一で柔らかい。

品質鑑定：100gV93沱茶〈101〉

専門的評価

外形：しっかりと押し固まっている饅頭型。緊密さが適度。

茶湯の色：深みのある紅。

香り：純粋。

味：まろやか。苦味と渋味が少しある。

葉底：紅褐。わずかに茎が含まれる。

蓋碗で淹れる（220㎖：10g）

1煎目：浅い紅。まろやかで、ほのかな苦味と渋味。口にすると甘い。香ばしい（カラメルの香り）。

2煎目：深みのある紅。ほのかに厚みのあるまろやかさ。ふくよか。

3煎目：濃い紅。まろやか。苦味と渋味が少しある。ふくよか。回甘が少し感じられる。

4煎目：深みのある紅。穏やかでやや渋い。木香がある。

V93 普沱

裏

表

葉底

茶湯の色

6　7592《ななごきゅうに》《チーウージウアル》普餅

勐海茶厰の伝統のポピュラーな熟茶である。熟成した茶葉を主な原料とし、適度に茎を入れて作られた茶である。茎を入れることで茶は甘味を増し、爽やかな味になる。

茎は元々あまり使われない部位であったが、茎を入れると茶の湯が赤く艶が出て、甘く爽やかになることが分かっている。資料によれば、茎には豊富なアミノ酸が含まれている。熟成した茶葉と組み合わせることで穏やかに飲めるようになり、今では、毎年末、茶の茎を集めてこの7592を作るようになっている。

仕様：357g／枚

形：餅茶

包装：通常包装

製品シリーズ：経典シリーズ

製品の特徴：茶湯の色は明るく透き通った紅色。馥郁たる陳香と甘い香り。滑らかで独特な味わいがある。

品質鑑定：7592普餅〈201〉

専門的評価

外形：しっかりした円盤形。表面の茶葉は均一に分布。比較的緊密さあり。

茶湯の色：深みのある紅。

香り：少々渋い。少し木香がある。

味：まろやかでやや渋い。口にすると少し甘い。

葉底：褐紅色でわずかに青い。茎が少し含まれる。

蓋碗で淹れる（220㎖：10g）

1煎目：紅色で、明るい。薄い。少々渋味が残る。甘い後味。

2煎目：浅い紅。まろやかさがやや弱い。やや滑らか。渋味が残され、舌にとろけるように感じる。

3煎目：浅い紅。まろやかさがやや弱い。生津がゆっくり起こり、舌に粘り気が残る。

4煎目：深みのある紅。薄い。やや渋い。回甘を感じる。

7592 普餅

裏

表

葉底

茶湯の色

7　7562《ななごろくに》《チーウーリウアル》普磚《ふせん》

7562普洱磚茶（レンガ状に押し固められた普洱茶）は、高級であるがあまり発酵を進めすぎない。伝統的な普洱磚茶である。以前は製品が紙で簡単に包装され、その上の「7562」番号の印で知られていた。80年代の半ば及び90年代の初期に、日本などの外国の経済発展に伴い、高級な普洱茶の需要が増え、さらに中国国内の改革開放政策により、7562は大きな発展を遂げた。長年の積み重ねで7562普磚は量産が可能な中高級普洱磚茶として愛好者に好まれている。

7562 普磚

やや成長した茶葉を原料とし、適度な力で押し固めて作った茶である。表面に若芽をはっきり見ることができる。伝統の磚茶は軽発酵製品の代表といえる。

仕様：250g／枚

形：磚（レンガ）茶

包装：通常包装

製品の特徴：適度に軽い発酵方法で作られているため、茶湯の色は明るくて赤い。味は濃厚でやや苦い。陳香がある。葉底は柔軟性あり。

品質鑑定：7562普磚〈301〉

専門的評価

外形：緊密さが恰度いい。表面の茶葉は均一に分布している。

茶湯の色：濃い紅。

香り：少し渋い。

味：まろやか。苦味と渋味が少しある。

葉底：褐紅。わずかに茎が含まれる。

蓋碗で淹れる（220ml：10g）
1煎目：深みのある紅。明るくてまろやか。苦味と渋味が少しある。口中に清涼感を生じる。
2煎目：濃い紅。厚みのあるまろやかさ。回甘がある。やや渋い。
3煎目：深みのある紅。明るい。厚みのあるまろやかさ。ふくよか。回甘がある。
4煎目：深みのある紅。明るくてまろやか。ふくよか。渋い。
5煎目：深みのある紅。明るくてまろやか。やや渋い。回甘がある、やや青臭い渋味がある。

表

裏

葉底

茶湯の色

臻品シリーズ

臻品は大益製品における高級製品で、普洱茶の中心的な産地——瀾滄江流域の有名な茶山の茶葉を原料とし、茶葉の産地を重視している。時間をかけて、発酵させて作ったもので、個性の溢れた味わいが楽しめる。

勐海之春餅茶
中国名牌农产品
大益牌
净含量：357克
<801>
普洱茶（生茶）
勐海茶厂
Menghai Tea Factory
勐海之星餅茶
普洱茶（熟茶）
净含量：400克
<901>
大益牌
甘滑浓厚　醇郁陈香
中国名牌农产品
勐海茶厂 · 中国云南西双版纳
Menghai Tea Factory · Xishuangbanna, Yunnan, China

1　勐海《もうかい》《モンハイ》之星《のほし》普餅

2005年に研究開発に成功し、当初の仕様は400g／枚であったが、200g／枚の仕様も一時、生産した。その後、さらに仕様が統一され、現在は357g／枚となっている。勐海の高山茶を原料に、適度に発酵させたこの茶は、最も味に厚みのある茶の一つであり、勐海茶廠発酵茶の特徴を十分に出している、最も正統的な勐海味の茶、価値ある逸品である。

包装：持ち手のある箱の包装。
受賞：2005年10月に第2回中国国際茶業博覧会金賞受賞
製品の特徴：茶の湯は透き通った琥珀色。純粋で豊かな香り。厚みのあるまろやかさ。悠々たる味わい。

品質鑑賞：357g勐海之星普餅〈301〉
専門的評価
外形：しっかりした円盤形。緊密さが恰度良い。表面の茶葉は均一に分布。固く押し固められ、細かな金色の産毛（金毫）が見える。
茶湯の色：澄んだ紅。やや濃い。
香り：カラメルの香り。
味：濃厚でまろやか。
葉底：褐紅。均一性あり。

蓋碗で淹れる（220㎖：10g）
1煎目：深みのある紅。まろやか。やや渋い。茶碗に強い香りが残る（カラメルの香り）。
2煎目：深みのある紅。しっかりとしたまろやかさ。やや苦味と渋味。滑らか。回甘が感じられる。茶碗に香りが残る。
3煎目：深みのある紅。まろやかでやや渋い。滑らか。回甘が感じられる。
4煎目：浅い紅。まろやか。やや渋い。

勐海之星普餅

裏

表

葉底

茶湯の色

2　紅韻圓茶《こういんえんちゃ》

工場設立68周年記念で勐海茶廠が2008年に特別ブレンドした茶が紅韻圓茶である。この茶葉には研究が重ねられている。外観、品質ともに味わい深い出来となっている。熟成された原料でブレンドし、質に厚みがあり、豊かな味わいに秀でている。口当たりには粘り気があり悠々たるものがある。非常に趣がある逸品。

仕様：100g／枚

包装：贈呈用包装

製品特徴：しっかりと押し固められている。緊密さが適度。茶葉には細かな産毛（毫）が見える。濃い紅色の茶湯の色。純粋な香り。厚みのあるまろやかさ。葉底はブタの肝臓のような色。比較的柔らかく、少々均一性に欠ける。

品質鑑定：紅韻圓茶

専門的評価

外形：緊密さが恰度良い。表面の茶葉は均一に分布。

茶湯の色：深みのある紅。

香り：純粋。少々糖の香り。

味：まろやか。やや渋い。渋みはあるがすぐ消える。口にすると甘い。

葉底：紅褐でやや青い。茎が少々含まれ、比較的均一性がある。

蓋碗で淹れる（220㎖：10g）

1煎目：濃い紅。柔らかい。やや渋い。甘くて香ばしい。茶碗にカラメルの香りがはっきり残る。

2煎目：紅褐。まろやか。苦味と渋味が少しある。豊かなカラメルの香り。

3煎目：紅褐。まろやか。やや渋い。粘り気と強いカラメルの香り。

4煎目：濃い紅。まろやか。やや苦い。回甘を感じる。

紅韻圓茶

裏

表

葉底

茶湯の色

3　五子登科普餅《ごしとうか》

2010年の新製品。3年ものの茶葉を使用し、新たなブレンド方法で押し固め成形した茶である。その理念は中国伝統文化の「五子登科」である。古代において「五子登科」とは親が自分の子の立身出世を望むことを指す。ゆえに「五子登科」茶を作るにあたり、品質の完璧を追求し原料の選択や技術に非常な工夫を凝らしている。大益の全国の消費者に対する「理想の仕事、幸せな家族、豊かな生活」という願いが託されている。

この茶は適度な発酵後、3年間の自然熟成をさせている。仕様は150g／餅茶で、金属製の箱に詰める。5枚／箱。

仕様：150g／枚、5枚／箱

形：餅茶

包装：持ち手のある箱

製品の特徴：ふくよかで滑らかさあり。精致。茶葉若芽が細く均一に固く押し固められている。茶葉に細かな金色の産毛（金毫）が見える。茶の湯は深みのある紅色で透き通っている。厚みのあるふくよかさ。繊細で滑らかな口当たり。豊かな陳香、棗香。葉底は若くて柔軟性と均一性あり。

品質鑑定：150g五子登科普餅〈201〉

専門的評価

外形：しっかりした餅茶。ふくよか。表面の茶葉は均一に分布。緊密さが適度。

香り：純粋。

味：まろやか。

葉底：紅褐色で少々青い。茎が少々が含まれ，比較的均一性がある。

蓋碗で淹れる（220㎖：10g）

1煎目：濃い紅。まろやで滑らかな口当たり。口にすると甘い。苦味と渋味が少しある。粘り気あり。カラメルの香り、茶碗に甘い香りが残る。

2煎目：紅褐。まろやかで滑らかな口当たり。口にすると甘い。やや渋い。カラメルの香り。

3煎目：深みのある紅（艶あり）。しっかりとしたまろやかさ。滑らかな口当たり。口にすると甘くてやや渋い。カラメルの香り。
４煎目：深みのある紅（艶あり）。穏やかで滑らかな口当たり。やや渋い。口にすると甘い。カラメルの香り。

五子登科普餅

裏

表

葉底

茶湯の色

４　高山韻象《こうざんいんしょう》普餅

２００８年に新たに研究開発した熟茶である。高山地域の原料茶を使用し特別に発酵させた茶である。発酵程度が適度である。

仕様：３５７g／枚

形：餅茶

包装：持ち手のある箱

製品の特徴：しっかりした円盤形、ふくよかで滑らか。茶葉が細くて均一性がある。茶葉に細かな金色の産毛（金毫）が見える。茶湯の色は、紅色で透き通っている。厚みのあるふくよかさ。甘く滑らか。豊かな陳香、味わいが長く続く。

品質鑑定：３５７g高山韻象普餅〈１０１〉

専門的評価

外形：しっかりした円盤形。表面の茶葉は均一的に分布。若芽には細かな産毛（芽毫）が見える。強壮。

茶湯の色：つやのある紅色。

香り：純粋。果物の甘い香り。

味：まろやか。やや滑らかな口当たり。甘い。

葉底：褐紅で少し青い。わずかに炭化され、少々の茎が含まれている。

蓋碗で淹れる（２２０ml：10g）

１煎目：浅い紅。柔らかい。碗の底にカラメルの香りがする（長く続く）。

２煎目：浅い紅。柔らかい。やや粘り気がある。碗の底にカラメルの香りがする（長く続く）。

３煎目：浅い紅。柔らかい。わずかに渋い。回甘がおいしい。碗の底にカラメルの香りがする（淡い）。

４煎目：浅い紅。柔らかい。碗の底にカラメルの香りがする（薄い）。

高山韻象普餅

裏

表

葉底

茶湯の色

5　黄金歳月《おうごんさいげつ》普餅

工場設立70周年記念に全国で70回の茶会を行った後、勐海茶廠が2010年に研究開発した茶である。「黄金歳月」熟茶の原料は、研究を重ね高級熟茶として最適な茶葉の基準で選ばれたもの。勐海の独特な環境で3年をかけて熟成させた原料である。

仕様：357g／枚

形：餅茶

包装：通常包装

製品の特徴：しっかりした厚い円盤形。茶葉が均一に押し固められている。円盤全体に金色の細かな産毛（金毫）が見える。茶湯の色は、濃い紅色で透き通っている。粘り気がある。発酵度は比較的軽い。厚みのある、まろやかでふくよかな味。後味ははっきりとした甘さ。最初に陳香がたち、純粋でエレガントである。

品質鑑定：357g黄金歳月普餅

専門的評価

外形：しっかりした円盤形。表面の茶葉は均一に分布している。若芽には細かな産毛（牙毫）が見える。適度に緊密。

茶湯の色：濃い紅。

香り：果物の甘い香り。やや渋い。

味：まろやか。苦くてやや渋い。

葉底：褐紅。少し青い。

蓋碗で淹れる（220㎖：10g）

1煎目：深みのある紅。まろやか。果物の甘い香り。粘り気がある。やや渋い。

2煎目：深みのある紅。粘り気がある。苦味、やや渋い。カラメルの香りあり。

3煎目：濃い紅。苦味と渋味が少しある。カラメルの香り。

4煎目：深みのある紅。やや苦い。

黄金歳月普餅

裏

表

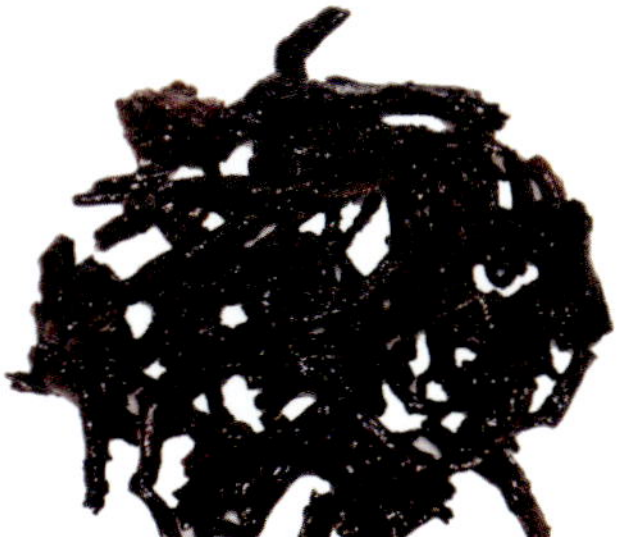

葉底

茶湯の色

6　老茶頭《ろうちゃとう》普磚

勐海茶廠が2006年に研究開発し、販売し始めた茶である。消費者からは好評で、勐海茶廠のイノベーションのレベルの高さを表している。

清の阮福は曾て『普洱茶記』の中で「玉茶は最も味の濃い茶だ」といった。玉茶は細い若芽が発酵中に固まって玉のようになっているが、このような茶は「茶頭」といい、味が濃くて、甘い香りがする。「老」は保存の長さを指す。時が経つにつれ、陳香が次第に強くなる。素早く高温の熱気で蒸し固く押し固める。仕様は250g／塊で、長方形の箱で包装する。

仕様：250g／枚

包装：通常包装

製品の特徴：茶葉はむらがなくきれいに分布しており、一つ一つの塊がはっきり分かる。滑らかな口当たり。厚みのある濃い味。純粋な陳香で、甘い糖の香り。何回煎じても味が薄くならない。まるで歴史を凝縮し、そこから未来の輝きを得るかのようである。

品質鑑定：250g老茶頭普磚〈2011〉

専門的評価

外形：一つ一つ小さな塊が均一に分布して、緊密さが恰度いい。

茶湯の色：浅い紅。

香り：糖の香り。

味：まろやか。はっきりした甘さ。

葉底：紅褐。固まっている。

老茶頭普磚

裏

表

葉底

茶湯の色

蓋碗で淹れる（220ml：10g）

1煎目（20S）：明るい紅色。甘い。滑らか。やや渋く感じて茶碗にカラメルの香りが長く続く。

2煎目（10S）：明るい紅色。甘い。滑らか。カラメルの香り。

3煎目（10S）：明るい紅色。甘い。粘り気あり。カラメルの香りが強い。

4煎目（10S）：明るい紅色。甘い。粘り気あり。カラメルの香りが強い。

5煎目（20S）：つやのある紅色。甘い。粘り気がありふくよか。豊かなカラメルの香り。

6煎目（20S）：つやのある紅色。甘い。カラメルの香りが強い。

7　丹青《たんせい》普餅

大益の「軽発酵技術」で精製した茶である。エレガントなまろやかさを味わいながら、回甘や生津を楽しむことができる。年月を経て磨かれ一層茶の味わいを作り出した。発酵度が軽く、茶の成分の変化をうまく調整することができ、茶葉の味が何層にも変化していく。独特な香りと口当たりは時間が経つにつれ一層味わいが出る。

仕様：357g／枚

形：餅茶

包装：持ち手のある箱

製品特徴：しっかりと押し固まっている。ふくよかで、太い茶葉。褐紅色で、光沢あり。茶葉に細かな金色の産毛（金毫）が見える。キノコの清らかな香りがする。茶湯の色は深みのある紅色で、透き通っている。濃厚でまろやか。甘くて爽やかな味。味わいは変化に富む。

品質鑑定：357g丹青普餅〈301〉

専門的評価

外形：しっかりと押し固められている。ふくよか。太い茶葉。光沢のある褐紅色。茶葉に細かな金色の産毛（金毫）が見える。

茶湯の色：深みのある紅色。透き通っている。

香り：キノコの香り。甘い香り。

味：濃厚でまろやか。回甘を感じ、生津が起こる。

葉底：紅。青っぽい。

蓋碗で淹れる（220㎖：10g）

1煎目：深みのある紅。厚みがある。やや渋い。キノコの香りが明らか。碗に香りが残る（果物の甘い香り）。

2煎目：深みのある紅。厚みがある。苦味と渋味が強い。回甘と生津がはっきりと感じられる。強いキノコの香り（清香）。碗に芳香がしている（果物の甘い香り）。

3煎目：濃い紅。まろやかでふくよか。口にするとまずは苦味、そして渋味。回甘と生津がはっきり感じられる。強いキノコの香り。清々しい。

4煎目：深みのある紅。苦味と渋味が少しある。

生津が起こる。強いキノコの香り。
5煎目：濃い紅。苦味と渋味が少しある。生津が起こる。

丹青普餅

裏

表

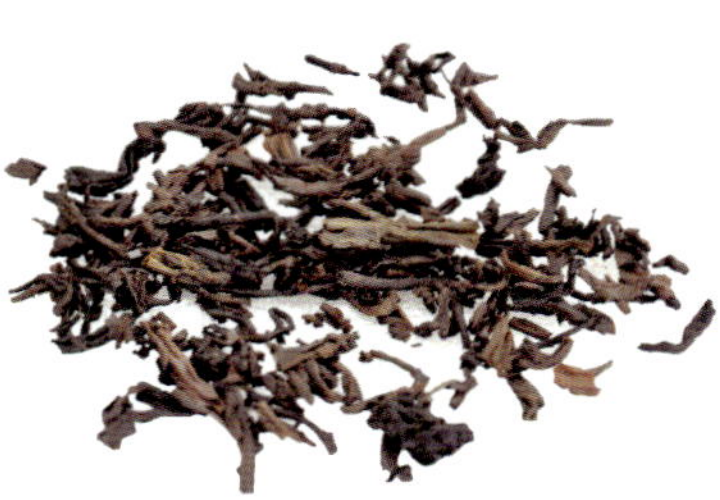
葉底

茶湯の色

皇茶シリーズ

皇茶は大益製品のなかでも高級製品である。普洱茶の中心的産地の高山茶を原料にして精製した茶である。自然環境に恵まれ、原料は時間をかけてじっくり熟成した高品質である。大益の独特なブレンド技術と原料の優良さが発揮されている。

1　宮廷普洱茶シリーズ

宮廷普洱は普洱貢茶といい、皇室や貴族への献上茶であると同時に身分の象徴で、皇室の血統ではない者は普通、目にすることができないものであった。

高級な晒青毛茶を原料に適度に発酵させ、産毛のレベルで分類して、選り抜きの原料で作った普洱熟茶である。

仕様：200g／筒、2筒／箱（シンプルな包装）、4筒／箱、200g／餅

形：散／餅茶

包装：贈呈用包装

製品特徴：茶葉は細く締まってつやがある。細かな金色の産毛（金毫）が見える。茶湯の色は濃い紅色で透き通っている。純粋な陳香、厚みのあるまろやかな味。

品質鑑定1：50g宮廷普洱散茶〈201〉

専門的評価

外形：茶葉は細くて締まっている。細かな金色の産毛（金毫）が見える。つやがある。均一性あり。きれい。

茶湯の色：濃い紅。

香り：はっきりとした甘い香り。

味：しっかりとしたまろやかさ。苦味。

葉底：褐紅。青っぽい。均一性あり。

蓋碗で淹れる（220㎖：10g）

1煎目：濃い紅。まろやか。苦味と渋味が少しある（舌に渋味）。キノコの香り。碗にカラメルの香りがする。

2煎目：紅褐。まろやか。ちょっと苦くてやや渋い。

3煎目：濃い紅。まろやか。滑らか。やや苦味と渋味。

4煎目：深みのある紅。まろやか。滑らか。

品質鑑定2：200g宮廷普餅〈101〉

専門的評価

外形：しっかりした円盤形。全体に細かな金色

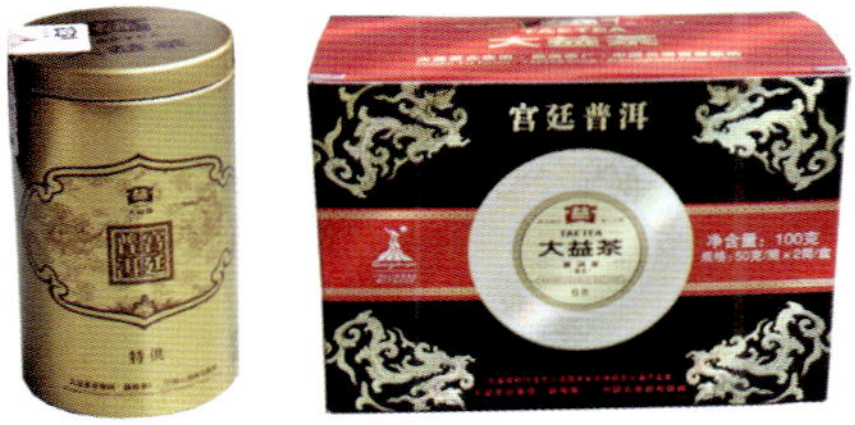

宮廷普洱茶シリーズ

葉底

茶湯の色

散茶

の産毛（金毫）が見える。茶葉は細くて締まっている。
茶湯の色：褐紅。
香り：純粋。陳香。
味：しっかりとしたまろやかさ。爽やかな苦味。
葉底：褐紅。比較的均一性がある。

蓋碗で淹れる（220ml：10g）
1煎目：浅い紅。明るい。柔らかくてやや苦い。純粋な香り。回甘があり、生津が起こる。
2煎目：濃い紅。まろやか。ふくよか。とろりとしている。滑らかな口当たり。ほのかに陳香あり。
3煎目：濃い紅。まろやかでやや苦い。とろりとしている。滑らかな口当たり。少し陳香あり。
4煎目：明るい褐紅。柔らかくてほのかに苦い。滑らかな口当たり。回甘があり、生津が起こる。

2　金針白蓮《きんしんはくれん》

「金針白蓮」は高級な茶葉を使用して、勐海大益の茶加工技術で作られた。甘くて爽やか。生産量が少ないことから消費者の注目を浴びる。近年茶の愛好者に普洱茶の中の珍品と見なされている。潤いと清涼感を兼ね備える。喉を潤し、清らかな清涼感をもたらす逸品。

仕様：357g／餅

形：餅茶

包装：通常包装

製品特徴：太くて若々しい。均一に分布している。金色の産毛（金毫）が見える。発酵度が適度。茶湯は艶がある紅色。瑪瑙のように透き通っている。味は甘くてまろやかさあり、滑らかで繊細である。純粋な陳香。独特な蓮香の味わいがある。

品質鑑定：357g金針白蓮普餅〈201〉

専門的評価

外形：しっかりした円盤形。表面の茶葉は均一的に分布されている。緊密さが適度。金色の産毛（金毫）が見える。

茶湯の色：濃い紅。

香り：蓮香がある。

味：まろやか。苦味と渋味が少しある。

葉底：褐紅。青っぽい。比較的均一性がある。

蓋碗で淹れる（220㎖：10g）

1煎目：赤みがかったオレンジ色。口にすると甘い。やや渋い。蓮香がある。

2煎目：濃い紅。粘り気あり。ふくよか。苦味と渋味あり。蓮香。茶碗に香りが残る（甘い香り）。

3煎目：濃い紅。粘り気あり。ふくよか。苦味と渋味あり。蓮香。茶碗に香りが残る（甘い香り）。

4煎目：褐紅。口にすると甘い。やや渋い。蓮香がある。茶碗に香りが長く続く（甘い香り）。

金針白蓮

裏

表

葉底

茶湯の色

3　龍柱圓茶《りゅうちゅうえんちゃ》

「龍柱圓茶」は「龍団鳳餅《りゅうだんほうへい》」の理念を継承し、独特な品質と豊富な文化的味わいを兼ね備え、高貴な貴族のイメージを演出している。勐海地域の恵まれた環境の茶園で育った清明節の前に摘んだ若芽を原料に、伝統的な発酵技術で適度に発酵させて精製した茶である。

1枚包装と柱状包装。2種類があり、贈呈品としても適している。

仕様：357g／枚

形：餅茶

包装：贈呈用包装

製品特徴：しっかりした円盤の形。ふくよかで厚みがある。緊密さが適度。表面の茶葉は均一に分布されている。金色の産毛（金毫）が見える。茶湯の色は、濃厚な紅色で透き通っている。純粋な陳香。糖の香りがしている。味は厚みのあるまろやかさで、葉底は褐紅色。若々しくて均一性あり。

品質鑑定：357g龍柱圓茶〈201〉

専門的評価

外形：しっかりした円盤形。表面の茶葉は均一的に分布されている。緊密さが恰度よい。

茶湯の色：紅褐。

香り：甘い香り。

味：しっかりとしたまろやかさ。若干の苦味がある。生津がよく起こる。

葉底：紅褐で青っぽい。茎が少々含まれ、比較的均一性がある。

蓋碗で淹れる（220㎖：10g）

1煎目：紅褐。まろやか。苦味と渋味あり。生津が起こる。碗に良い香りが残る。

2煎目：紅褐。まろやか。苦くてやや渋い。生津が強く起こる。少々陳香あり。

3煎目：濃い紅。まろやか。ほのかな苦味と渋味。回甘が感じられ、生津が起こる。

4煎目：明るく濃い紅。まろやか。ほのかに苦くて渋い。回甘が感じられる。少々陳香あり。

龍柱圓茶

裏

表

葉底

茶湯の色

第六章

普洱茶を淹れる

第一節　基礎知識

茶を淹れるのは湯で茶葉の中に含まれた物質を抽出するための過程である。茶の香り、味、後味は科学的な淹れ方でないと、引き出せない。いい茶を淹れるには、いい茶葉、茶道具、水、環境が必要なだけでなく、ほどよく茶を淹れる技量や茶の特性に基づき、茶の特色を生かすことも大事である。

茶の淹れ方は茶湯の質に大きく影響を与える。茶人は科学的な淹れ方を熟知した上で、長年の経験の積み重ねを通じて、茶を淹れる腕を磨く。ここでは茶を淹れる技能の４つの方面を紹介する。

茶の選び方

茶でもてなすにはいい茶でなければならない。では、いい茶というのは何であろうか。まずは、茶葉が上質であること。また、客人の希望と好みで茶を選ぶことが大事である。茶人は各種の茶の特性を熟知し、また客人の好みもよく知っておかなければならない。

普洱茶は、生と熟という分類の他に、材料の新鮮さ、生産時期、等級などによっても分けられる。暑い夏には、生茶を飲むのがお薦めだ。寒い冬には熟茶がいいだろう。昼間は生茶をたくさん飲んでもいいが、夜は避けたほうがよい。お年寄りには熟茶がいいだろう。女性は一般的にはあっさりした味を求めるが、茶好きな人なら濃厚な味を好む。

茶葉の清潔さ、匂い、茶の形にも注意しなければならない。「緊圧茶《きんあっちゃ》（成形し固めた茶）」を砕く時は粉々にするのは禁物。大きさや形を整えた茶の塊を使って、茶を淹れる。

茶道具の選び方

茶道具は茶を淹れるために不可欠な道具であり、茶葉の色や香り、味を引き立てる。粋な茶道具そのものも芸術性に富んでおり、楽しめる。

茶道具を選ぶ際は、その場の状況や人数、また茶葉に応じて選ぶ。いい茶を選び、ふさわしい茶道具をあわせるのは、茶人の基礎的素養である。そのほか、茶道具の完全さ、清潔さ、また色のとりあわせ、素材などにも気をつけなければならない。上品で美しい茶道具は調和があり、その場にふさわしいものである。

現在、よく使われる茶道具は3種類に分けられる。紫砂《しさ》、磁器《じき》、そしてガラス製である。材質の違う茶道具はそれぞれ異なる感覚の茶湯を作り出すものである。ガラス容器は透明で、吸水効果がないため、茶湯を見て楽しむのに適している。熱の伝わりにくい紫砂の茶道具は保温に優れ、普洱茶の濃厚な味を引き立てるにはぴったりである。磁器は茶の香りを引き出す。普洱茶は長く保存すればするほど香りや味わいが増す特性があり、磁器か紫砂の茶道具がふさわしい。両者を比較すると磁器は茶の本来の味を引き出し、紫砂は茶湯の旨みを引き出すということになるだろう。

普洱茶を淹れるには、容量の大きめな白磁《はくじ》の蓋碗と紫砂壺《しさこ》がよい。そうすれば、茶葉が広がり、旨みが出やすい。もし客人が2人か3人であれば、160ml以上の容量の紫砂壺がよく使われる。初心者にとって、磁器の使用は茶の淹れ方の加減を学ぶにはいいだろう。特に陳年普洱茶を入れる時には、土が原料の紫砂壺が一番よい。

茶碗は一般的に白磁か青磁《せいじ》がいい。茶碗の内側は真っ白で、容量は功夫《こうふ》《ゴンフー》茶碗（烏龍茶を飲む特に使う小さい茶碗）より大きいほうがいい。また茶碗はある程度厚い方がいい。そういう茶碗は普洱茶の純朴な甘みの特性にぴったり合い、雲南人の豪快な茶風に通じるものがある。

そのほか、茶湯の鑑賞は美を楽しむ行為であり、茶葉の評価に繋がる重要なものでもある。質のいい普洱茶、特に陳年老茶の茶湯はワインのような赤色で透き通っている。鑑賞には質の良い透明なガラス茶海がいい。

茶道具によっては普洱茶の淹れ方も変わり、それは主に3つある。蓋碗の淹れ方、紫砂壺の淹れ方、またチャトル（飄逸杯《ひょういつはい》）の淹れ方である。用意した普洱茶をチャトルに入れ、水温と時間、また回数を注意すれば良いだけなので便利である。

この節においては、主に蓋碗と紫砂壺による淹れ方を紹介する。

（1）主な茶道具（写真あり）

基本の茶道具は主に茶を淹れる時、また茶を飲む時に使う茶道具である。

1茶盤《ちゃばん》：茶道具を載せるトレー。美しさが増すと同時に、テーブルの火傷や水濡れを防止することもできる。

2茶壺《ちゃこ》（急須）：茶を淹れる道具。茶壺の種類も色々あり、普洱茶には紫砂壺がよく使われる。

3蓋碗《がいわん》（蓋付茶碗）：蓋と碗、また茶托からなる茶を楽しむ用具。材質は磁器、ガラス、陶

主な茶道具

器などがある。

4茶海《ちゃかい》：淹れた茶を移し、杯に注ぐための道具で、茶湯を等量にする。ガラス製のものが一般的。茶湯の濃度や色を鑑賞するには便利である。

5濾網《ろもう》（茶こし）：茶の湯と茶葉を分離する用具。

6品茗杯《ひんめいはい》：茶を飲む小さい茶碗。

7茶托《ちゃたく》：茶碗を載せるトレー。

（2）補助茶道具　（写真あり）

基本の茶道具のほかに、茶を淹れる時、補助の道具が必要。

1茶刀《ちゃとう》、茶針：固形茶を崩す道具。

2解茶盤《かいちゃばん》：固形茶を崩す際、また分ける時に使用する茶盤。

3茶荷《ちゃか》：乾茶をいれて、鑑賞する容器。

4風炉《ふろ》：湯を沸かす用具。今は便利な電子ポットが使わる。陳年老茶の葉で淹れる時には、水火力で銅壺か砂壺かを使って湯を沸かすと、水の活性を保ち、水温の上昇も早い。

5壺承《こしょう》：茶壺を置く容器で、「茶池《ちゃち》」とも呼ばれている。

6茶巾《ちゃきん》：壺や茶碗の外部の水をふき取る方形の手拭。

7茶則《ちゃそく》：茶葉を取る用具。

8茶抜《ちゃばつ》（茶杓）：茶葉を茶壷に入れる用具。

9茶針《ちゃしん》：茶壷の注ぎ口の詰まりを取り除く用具。

10茶夾《ちゃきょう》：品茗杯を挟み取る用具。

11茶漏《ちゃろう》：茶葉がこぼれないように防ぐ茶こし。

12奉茶盤《ほうちゃばん》：茶杯、茶碗、お菓子などをのせるトレーで、茶を運び捧げる用具。

13水洗《すいせん》：不用になった水や茶葉を回収する道具で「水盂《すいう》」とも呼ばれている。

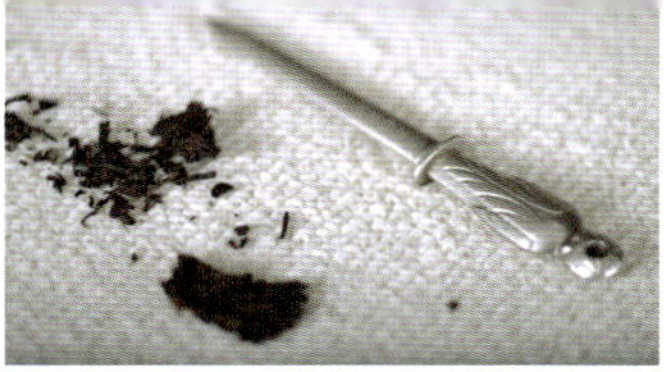
茶刀

茶盤

茶荷《ちゃか》

茶則

電気ポット

茶抜

茶漏

壺承

茶針

奉茶盤

茶巾

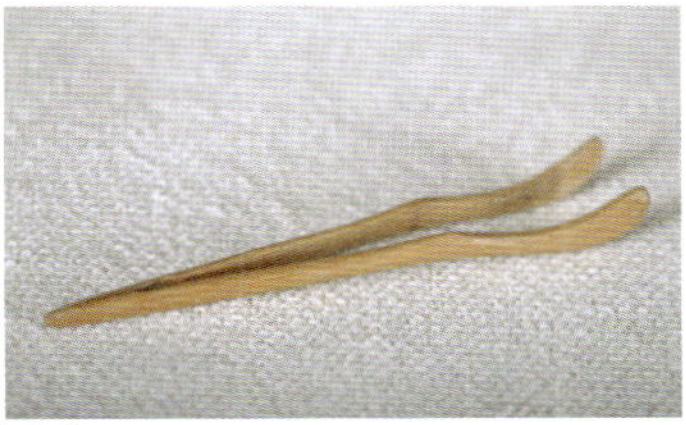
茶夾《ちゃきょう》

水洗

湯

茶を淹れる際、湯は特に重要である。

まずは湯を沸かすこと。水に「蟹の目」のような泡ができる時、音が出るが、これは1回目の沸騰である。「魚の目」のような泡ができる時が、2回目の沸騰、水面が波のように沸き返るのが3回目の沸騰である。茶を淹れるとき、「蟹の目」が終わり、「魚の目」のような大きな泡ができた頃、つまり、2回目の沸騰時の湯が一番いいといわれる。そのときの湯は程よく美味しい。また、湯を沸かす時は強火で速やかに沸かし上げたものが良く、弱火で湯を徐々に沸かすのは禁物。

それ以外、湯の温度調整も大事である。茶を淹れる際の温度は茶の種類によって調整する。茶葉が細くて若ければ、温度は低めに、茶葉が太くて大きな場合は温度を高めにする。温度が低すぎれば、茶の香りが十分に引き出せない。しかし、逆に温度が高すぎたり、特に蓋をしめて蒸し過ぎたりすると、茶湯の色と、茶葉の色が暗い黄色に変色し、香りも損なわれる。一般的に、普洱茶を淹れる湯の温度は90～１００℃の間である。湯を長く沸騰させてはいけないが、陳年老茶を淹れるときは湯を注ぐ度、加熱したほうがよい。

また、湯を注ぐときの調整も重要である。茶を淹れる際、注ぐ湯の流れが急か、穏やかであるかによって、茶性の揮発に影響を与える。注ぐ流れは粗く、細く、速く、遅く、その途切れることのない流れの状態はいずれも腕の力で調整される。茶壷で注いだり、湯を高い位置から注いで茶を淹れ、茶を低い位置から杯に注ぐ（高冲低斟《こうちゅうていしん》）方法や異なる茶道具で湯を注ぐ手法などあるが、これらは茶を淹れる基本的な技能である。

茶を淹れるコツ

茶道具の容量、茶の特性によって、茶の量、茶と湯の比率、時間と回数などを調整する必要がある。

1　茶と湯の比率と茶の量

茶葉と湯の比率が違うと、淹れた茶の香りも旨みも違う。一般的に、茶の種類によって、茶と湯の比率も変わる。1回分の茶の用量は客人の人数によって決まる。

普洱茶の場合、茶と水の比率は1：20でいい。蓋碗を使い、5gぐらい茶葉をいれ、100㎖の湯で淹れる。紫砂壺なら、8gの茶葉をいれ、160㎖の湯、また、茶葉10g、200㎖の湯で淹れる。

2　蒸らし時間

茶と湯の比率、湯の温度が一定の場合、蒸らし時間が長ければ長いほど、茶湯の色も、味も濃厚になる。しかし、蒸らし時間が長すぎると、茶葉の茶ポリフェノール、芳香化合物などは酸化して、茶湯の色、香り、旨みに影響が出る。また、茶のビタミン、アミノ酸なども減少し、栄養価が減る。蒸らし時間が短ければ、茶の成分を多く抽出できず、茶湯も薄く、栄養価も低い。

一般には緑茶や紅茶は3分ほど蒸らす程度でよい。ウーロン茶や普洱茶の蒸らし時間は茶の量、茶と湯の比率によって決まる。茶量が多く、茶葉が柔らかい場合、蒸らし時間を短めにする。もし、茶量が少なく、茶葉も粗っぽい場合、蒸らし時間を長めにする「煮茶法《しゃちゃほう》」（茶を直接釜の中に入れて煮る飲茶法）で陳年普洱茶を立てるなら、10分以上がいい。

3　淹れる回数

茶を何煎目まで淹れるかは、茶の種類によって決まる。普洱茶の場合は通常、10回〜15回までである。老茶頭と陳年普洱茶は20回以上でも、香りや旨みがまだ残っている。普洱茶の1煎目と2煎目は醒茶《せいちゃ》（茶と湯を十分接触させ、旨みを引き出すこと）と呼ばれる。茶の微量元素は普通、後に抽出されるので、４煎目になってから旨みが出る。しかし、淹れる回数が多すぎると、健康に害があるので、注意が必要。

４　茶を淹れる際の基本動作

茶を淹れる際には、良い姿勢を保たなければならない。頭を真っ直ぐに、肩は平行にし、目の動きと動作を自然に調和させ、そして、肩を下げ、肘を下げ、腕を引き上げ、腕を軸に手を動かす。肘を高く上げてはいけない。茶道具は、軽やかに、しっかりと、優しく扱う。

茶を淹れる際には、両手を交互に使って所作し、手を交差させてはいけない。

これ以外にも、高冲低斟というルールを知っておかなければならない。つまり、茶を淹れるとき、ポットを高く持ち、湯を注ぐが、茶湯を杯に注ぐときは茶を淹れる道具を低くし、茶湯と空気の接触をできる限り抑える。そうすることで、温度も香りも新鮮さも一定に保たれる。

第二節　淹れ方

固形の普洱茶を崩す（写真付き）

普洱茶を淹れるには、茶道具と茶葉を用意する。普洱茶の大半は固形なので、まず普洱茶を崩すが、その時、葉の形を壊さないことが大事である。茶葉の形状が残されているかいないかが、茶の味に関係してくる。これからは詳しく茶の崩し方を紹介する。

1　道具

茶針、茶刀、茶則、解茶盤、茶荷、デジタル計量器又は天秤

2　崩し方の手順

⑴　包装を外し、解茶盤の真中に置く。

⑵　茶餅の凹みを上に向け、片手で茶餅の縁を押さえ、片手で茶針か茶刀を握り、茶葉の層を見つけ、茶針か茶刀を差し入れて、茶層を崩し、茶葉を取り、茶の塊を取り外す。その際、自分を傷つけることがあるので、茶針や茶刀を自分に向けないよう注意が必要。

⑶　同じぐらいの大きさの塊や茶葉を使い、茶を淹れる。（次ページ右の2枚の写真は正しい方法で、左の3枚は誤った方法）

3　量を計る

客人の人数、茶道具の大きさ、濃さで茶の分量を決める。デジタル計量器或いは天秤で計る。固形普洱茶と水の一般的比率は1：20で、5g茶葉を100㎖の湯で淹れる。散茶の場合、1：15という比率で、一般的に6~7gの茶葉を100㎖の湯で淹れる。

そののち、計った茶葉をきれいな茶荷に置く。茶荷は白磁のものが一番良い。

固形の普洱茶を崩す誤った方法

固形の普洱茶を崩す正しい方法

量を計る

蓋碗の茶の淹れ方（写真付き）

蓋碗は茶碗、蓋、茶托の3部分からなっており、茶を淹れることに使用する。茶葉を茶碗にいれ、湯を注いで淹れる。一方、蓋碗は茶葉を評価する主な道具である。蓋碗を使うと淹れた茶湯の色を鑑賞するのに便利であり、茶湯の濃さも分かりやすい。葉底を鑑賞するにも便利である。洗浄も茶壺より便利である。今では、蓋碗は普洱茶を淹れる主な茶道具となっている。特に、新茶の普洱茶を淹れるときは、茶の特性を引き立てるために、蓋碗が一番よい。

蓋碗での淹れ方は以下の通りである：

1　茶碗を温める：蓋を開け、茶碗に湯をいれ、茶碗を洗うと同時に温める。

2　投茶《とうちゃ》：茶荷に用意した普洱茶を茶杓で蓋碗に入れる。

3　潤茶《じゅんちゃ》：適温の湯（90℃〜100℃）をゆっくりと茶碗に注ぎ、10秒ぐらい待ち、素早く茶湯を流す。すると、茶の茶性を引き出せる。

4　湯の注ぎ方：普洱茶を淹れる際には、電気ポットを高くもち、湯を注ぐのは宜しくない。電気ポットを茶碗の縁につけ、湯が茶葉に浸透し、茶葉が開き、旨みを引き出すようにゆっくりと注ぐ。

5　茶湯を出す：蓋を少しずらして、茶碗の縁との間に湯が出るように隙間を作る。茶葉は茶碗に残す。人差し指で蓋碗の上部を押さえ、ほかの指、或いは掌で茶碗を支え、素早く茶湯を茶海に流し込む。

6　続水《ぞくすい》：再び、茶碗に湯を注ぐ。普洱茶の場合、10煎以上も繰り返して飲める。茶湯が濃すぎないように、また薄すぎないように、水温や蒸らし時間を調整する。

7　洗浄《せんじょう》：茶碗に残された茶葉を捨て、温水で蓋碗を洗う。最後、茶巾で水をふき取り、しまう。

蓋碗

茶湯を出す

茶碗を温める

続水

投茶

潤茶

洗浄

紫砂壺での淹れ方　（写真付き）

普洱熟茶と陳年普洱茶の風味を愉しむためには、紫砂の茶道具を使うのが一番よい。

紫砂壺での淹れ方は以下の通りである：

1　茶壺を温める：蓋を開け、茶壺に湯をいっぱいに入れ、蓋をして、今度は湯で茶壺全体を流し洗う。そうすることで茶壺を温め洗浄する。

2　投茶：茶荷に用意した普洱茶の塊を茶杓で茶壺に入れる。

3　潤茶：温度の適度な湯（90℃～100℃）を壺の縁に沿い反時計回りの方向でゆっくりと紫砂壺にいっぱい注ぐ。それから蓋をして、湯で壺全体を流す。15秒ほどしたら、素早く茶の湯を捨てる。これによって茶の性質を引き出す。

4　湯の注ぎ方：壺の縁に沿って、或いは位置を決めて、湯を注ぐ。茶葉が徐々に浸かり、そして完全に開き、旨みが出る。

5　続水：再び壺に湯を注ぐ。普洱茶の場合、10煎以上も楽しめる。茶湯が濃すぎないように、また薄すぎないように、水温や蒸らし時間を調整する。

6　洗浄：壺の中の茶葉を捨て、温水で紫砂壺を洗う。日陰の場所に置き、乾かしてからしまう。

潤茶

茶壺を温める

茶を淹れる

茶碗を温める

茶湯を茶壺にかける

茶葉を取り出す

茶湯を出す

投茶

付録一
大益普洱茶の品質鑑定のトップランナー

普洱茶鑑定の最高峰は「大益論茶大会」である。大益グループは毎年論茶大会を開催、茶が好きな人たちが集まり大変な賑わいとなる。茶の鑑定から論茶を学び、論茶の中で鑑定技能を身に付けることは鑑定の妙と言える。

第一節　中国史上の論茶

論茶の概念と形成過程

論茶は古くから「闘茶《とうちゃ》」、「茗戦《めいせん》」などと呼ばれている。古代より中国人の間で流行っていた「粋な遊び」である。それは茶を鑑定することで、試合形式により茶葉の色、香り、茶湯の色、泡の形などを評価、判定することで茶技を争う。茶、水、茶道具、湯を沸かす火加減の他、参加する茶人には相当の技量が必要とされる。古代において論茶は中国茶の品評の頂点であり、今の名茶の鑑定会に相当するものである。

論茶は唐代に始まり、宋代になるとより盛んになった。論茶は中国飲茶史上の茶宴の形式と密接に関わっていて、茶宴を原型に発展した風習である。茶宴という言葉が出てきたのは南北朝時代、山謙之《さんけんし》が書いた『呉興記《ごこうき》』で、「毎歳呉興、毘陵二郡太守採茶宴会于此」（毎年、呉興、毗陵の2郡の太守はここに集まり、茶宴を開催する）という記述がある。唐の時代になると、「滂時浸俗、盛于国朝、両都併荊兪間、以為比屋之飲」（飲茶の風習は一般庶民に広がり、東の都洛陽、西の都長安を中心に、湖北、山東地方では普及しはじめ、日常の飲み物として定着した）と、茶宴の風習も盛んになったことが分かる。作者不詳の『梅妃伝《ばいきでん》』では「開元年間、玄宗与妃闘茶。顧諸王戯曰、此梅精也。吹白玉笛、作驚鴻舞、一座光輝。闘茶今又勝我矣」（開元の時代、唐の玄宗皇帝は梅妃と闘茶を行った。玄宗皇帝は周りの臣下を見回して言う。「この妃は梅が化けた精霊だ。白玉の笛を吹き、驚鴻の舞を踊り、宮殿にその輝きを放った。今回の闘茶でもまた朕に勝った」）と記されている。これは初めての闘茶についての記述で、この記述から、玄宗の闘茶が宮廷闘茶の風習を切り開いたとされる。

唐の時代になると、貢茶制度が設立され、湖州の紫笋茶《しじゅんちゃ》や常州陽羨茶《ようせんちゃ》が貢茶に選ばれた。この二州の刺史は毎年、早春の時期に両州が隣接している顧渚山《こしょざん》にある境会亭で盛大な茶宴を開催し、各業界の賢人を誘い、論茶を行ない、共に貢茶の品質を鑑定し、茶を楽しむ趣を分かち合う。闘茶の風習も貢茶で名を遂げた茶郷、福建省の建州で始められた。呂温《りょおん》は「三月三日茶宴序」という詩のなかでは「三月三日、上巳禊飲之日也、諸子議茶酌而代焉、乃撥花砌、愛庭蔭、清風逐人、日色留興、臥借青靄、坐攀花枝、聞鴬近席羽未飛、紅蕊払衣而不散、乃命酌香沫、浮素杯、殷凝琥珀之色、不令人酔、微覚清思、雖玉器仙漿、無復加也」（3月3日は、祭りを行い、お酒を飲む上巳の日だ。諸賢人は茶でお酒の代わりにしようと提案。周りの花に囲まれ、さわやかな風に吹かれ、とてもいい日差しなので、雲の下に横になったり、花の咲いた木の下に坐ったりして、みんな庭の陰の下で休んでいる。鶯が近づき、花の香りが服に残る。白い杯に茶を入れよと命じ、琥珀色の茶湯を楽しむ。飲むと、さわやかな気持ちになる。たとえ神様のお酒でも、これにかなわないという）。この茶宴の趣、論茶の真味の描写は、古代の詩文の粋と称えられる。

この時期、茶宴の隆盛や貢茶の出現は、大いに茶芸技術を発展させた。闘茶の風習も同時に始まった。『清異録《せいいろく》』によると、五代十国時代、和凝《わぎょう》という文章家はとても茶が好きで、朝廷にいるとき「牽同列遞日以茶相飲、味劣者有罰、号為湯社」（毎日同僚に茶を持ってきてもらい、味比べをし、味の劣るものに賞罰をかけた。このようなイベントを「湯社」という）。「湯社」の設立は、宋時代の闘茶の風習を切り開いた。

宋代、中国の製茶業は、一番盛んな時期となった。中国人は茶を持って、もてなしをする。茶道は推奨され、「盛世の粋な趣」と称された。宋の徽宗趙佶《ちょうきつ》は皇帝という身分で『大観茶論《だいかんちゃろん》』という本まで書いた。その中では北宋時期の蒸青団茶《だんちゃ》の産地、採集と製作、淹れ方、品質、闘茶の風習などについて詳しく記述している。茶葉の生産と貿易の発達、多様な飲み方の出現、北苑龍団鳳餅《ほくえんりゅうだんほうびん》を初めとする貢茶制度の形成、及び各階層における茶文化圏の形成は中国古代の論茶を大いに隆盛さ

せ、点茶を代表とする闘茶を定着させた。

闘茶は、3、4人を誘い、各自のいい茶を出し、交代に飲んでみて、順位をつけるものである。趙信が書いた『大観茶論』、蔡襄《さいじょう》が書いた『茶録《ちゃろく》』によると、闘茶は茶の用意（炙《しゃ》、碾《てん》、磨《ま》、羅《ら》という流れによる）、茶道具の用意、火の用意、湯の用意、茶碗を温め、茶を立て（調膏《ちょうこう》：茶の粉に水をいれ、膏状にすること。射拂《げきふつ》：茶筅《ちゃせん》などで茶と水をかき混ぜること）などから成り立つ。このような論茶は茶の品質だけでなく、技能、経験、茶道具などをめぐって競争する。闘茶の前には、先ずは固められた茶葉である「茶餅」を鑑定するのが一般的である。その方法は3つある。第一に色で判断する。「色瑩徹而不駁」（色は澄み切っている）ものが良い茶とされる。第二に品質で判断する。「縝繹而不浮（茶餅がきちんと固まっており、茶の層がわかりやすい）」、「挙之凝結（持ち上げても崩れない）」ものが良い茶とされる。第三に音で判断する。「輾之則鏗然（臼でひいてみると、朗々とした音が立つ）」ものが良い茶とされる。以上のような基準を満たせば、「真の茶」と判断される。茶を点てるというのは、茶の粉に少量の湯をいれ、膏状にし、それから茶筅でかき混ぜ、泡を当てる。泡が白くて光沢があり、茶湯の表面が細かく溶けているのがよい。また泡が茶碗の内壁に密着して、長く持続できるのが優れたものとされる。茶を点てる過程では、先ず茶湯の色を比べ、それから、茶湯の泡を比べる。繊細にその場の雰囲気を重んじ、客人の感覚的楽しみや審美の趣を大事にする。当時、茶を点てる様子を描く詩歌や詞も少なくなかった。北宋の範仲淹《はんちゅうえん》は『和章岷従事闘茶歌』という詩のなかで「黄金碾畔緑塵飛、碧玉甌中翠涛起」（黄金でひいてみると緑色の茶の粉が飛び、碧色の茶器の中で翠色の波が巻き上がる）と描いている。また、蘇軾《そしょく》の『試院煎茶《しいんせんちゃ》』という詩の中では「蟹眼已過魚眼生、颼颼欲作松風鳴。蒙茸出磨細珠落、眩転繞甌飛雪軽」（蟹の目が過ぎて魚の目のような泡が立った湯は松林が風に吹かれたような音がし、細かく磨いた茶、茶筅に巻き上げられた茶の湯の粒は飛び落ち、茶筅は茶碗の中を早く回り、点てた泡は茶器をめぐり雪のように軽い）という詩句がある。また黄庭堅《こうていけん》は「碾深羅細、瓊蕊冷生煙」（茶を細かく磨き、小さい穴の羅でふるい、玉の杯のなかは青い煙が立った）と『満庭芳《まんていほう》』のなかで書いた。

闘茶が盛んになった原因は、茶宴の隆盛や貢茶制度の定着にあると思われる。天子に品質の一番良い茶を献上するために、事前に「林下の雄豪」が茶の品質を評定する。このような風習は貢茶の里に始まり、そして宮廷、文人、僧侶、庶民などの茶文化圏に広がっていった。

この時期に、代表的な禅林論茶として径山寺《けいざんじ》の茶宴が挙げられる。浙江省の天目山《てんもくざん》の東北方向の径山は茶の産地として有名である。山奥にある径山寺は唐の時代に建てられ、宋の時代から元の時代まで「江南禅林の頂点」とされてきた。毎年の春、ここで茶宴を行い、仏経を研究し、仏法を交流して、茶の討論をする。そうして体系だった儀礼が作られた。そのほか、径山寺では、また茶の品質を評定する催しも行う。茶の葉を粉々にして、

湯で点てるという「点茶法」はここで作られた。

元の時代になると、論茶の風習は宋代ほど盛んではなくなったが、続けられていた。その証として、元代の有名な画家、趙孟頫《ちょうもうふ》が描いた『闘茶図《とうちゃず》』がある。明の時代になると、茶人は茶を楽しむことで趣を培った。「探虚玄而参造化、清心神而出塵表（虚玄を探り、心を清め、俗世間を離れる）」という茶を楽しむ境地を追求し、論茶の風習は次第に衰えてきた。この時期の茶人は「茶即道（茶は即ち道なり）」を重んじ、世間と争わず、前の時代より粋な茶風を作り上げた。同時に、風花雪月《ふうかせつげつ》というような自己の娯楽になり、次第に唐宋時代の茶人の志や思いを失った。散茶が出始め、固形にかためた茶餅に完全にとって代わり、宋の人の闘茶の風習は消えた。その後、たくさんの茶人が参加するような論茶は催されなくなった。

大益論茶活動の歴史的意義

「論茶」という茶の催しは中国の茶やその文化の発展に伴い、歴代茶人の見事な技術により伝承されてきた茶道の源を見守り、一方で、中国茶の学問や思想をわかりやすい形で継承している。今日の品茶、評茶、鑑茶、知茶の伝統も「論茶」からきている。今、中国の茶界では様々な形の茶会があるが、例えば室内での茶会、または屋外に設ける茶宴などは中国の論茶の風習を立て直そうとしているが、形式においても、精神的な点においても古代の論茶には及ばない。現代の人々は論茶を伝承し、解明し、古代の茶を輝かせるような形式を期待している。これこそ、現在、「大益論茶」が始まり、そして脚光を浴びる理由である。

第二節　大益論茶の形式と神髄

「論茶」という催しは、茶芸の名で茶の道を探り、千年以上茶人が伝えてきた文明を伝承している。「大益論茶」は、茶樹の起源である雲南に始まった。この時が中国茶道復興の年といい得る。その形式は中国歴代の茶芸の流れを受けている。その意義は茶の品質鑑定の高さをあげ、中華民族の千年の茶道の神髄を伝承していくことにある。

大益論茶の根源と形式

2008年11月、勐海茶廠《もうかいちゃしょう》《モンハイ》は開業68周年を迎え、茶の聖地では史上最大の闘茶の盛会――「勐海論茶」が正式に開催された。大益広場での選手権大会と「茶人尊厳ホール」内の最終対決により、茶業界では名高い「大益論茶」が開幕した。2009年10月、第2回「勐海論茶」が開催され、研鑽を重ねて、大益論茶の試合形式や精神性を重んじる内容はますます成熟していく。2012年、大益カーニバルでは「広州論茶」が、多大な成功を収めた。

2012年、全国の茶の愛好者たちを対象とする「広州論茶」は、当時大益カーニバルにおいてもっとも規模が大きく、影響力が強く、またもっとも注目を集めた茶事の催しである。イベント開催から3ヶ月、「広州論茶」は、東北、西北、華北、華中、華東、西南、華南、広州といった8地区で、「弁茶」を主な種目として、広く参加者を募集した。全国から5000人近くの茶の愛好者たちが応募し、茶を以て茶友となり、交流し、普洱茶の真の意義を話し合う。千回以上のオーディションや8回の試合を経て、72名の茶の名手が数千人から勝ち残り、各地区を代表して、広州の「舌の戦い」に参加することになる。

2012年11月、茶人たちは「花の里」と呼ばれる広州に集まり、大益茶を愉しみ、その美を愛でた。高い文化の饗宴をともに愉しみ、千年以上の茶の歴史を持つ広州で、茶の文化的歴史を書き下ろすことになった。「広州論茶」で、全世界の茶人たちはともに茶の風情や魅力を知り、純粋で真実の茶事を楽しんだ。

「広州論茶」の決戦は、生産年月により50個の「嘜号《ばごう》」に分けられた茶とともに70種類の茶を指定して試合を行う。試合ごとに、使用する茶はその場で審判長が抽選して決める。また70種類の茶が対応する番号はその場で決める。選手たちは基準となる審査方式（250㎖の試合コップ、5gの茶葉、湯で5分蒸らして湯を出す）で、茶を淹れ、その茶を飲み、「嘜号」や「生産年月」を当てる。「嘜号」が合ったら、1点取り、「年月」が合ったら、1点取り、選手が取った点を累積して順位をつける。72年の歴史を持つ普洱茶の規範である勐海茶廠、中国職業茶道師の認証や、研究を行う機構である「大益茶道院」が共同で専門的かつ権威ある審査団を作り、客観的に指導を行う。また関係する公証機関が同時に論茶活動に出席し、全過程の公証にあたり、「公平、公正、公開」に審査する。

今回の論茶大会は、2回にわたるトーナメント戦、トップ10の試合、トップ10からトップスリーの試合、最終のチャンピオン決勝戦の5回の試合を設けた。3回戦の「乾茶の弁別、茶湯を飲み、葉底《ようてい》（淹れたあとの茶葉）の弁別」の三弁法を経て、4回戦の「茶湯の品評」の「単弁法」の後、論茶チャンピオン決勝戦では、3人の選手が残り、用意した3つの密室に入り、決勝戦が始まる。3人の選手は目を遮られ、「盲弁法」で茶湯を飲み、茶の種類を判断する。数回の技能戦を経て、勝ち残った選手が最強選手になり、茶の達人と認められる。

大益論茶の神髄

2013年、斬新な大益論茶はますます盛大となり、「茶狂（茶に狂う）」をテーマに、試合においては前回よりもさらに正統な普洱茶の味の普及や茶を楽しむ選手との共感を重視するようになった。試合は7月19日に始まり、15000人近くの選手が参加し、韓国を含む国内外における30都市において、のべ4000回以上の試合が開催された。最終試合は、広州、昆明、北京、沈陽、寧波、武漢、ソウルなどの30地区から勝ち抜いた108名の茶の名人が大連に集まり、論茶大会が行われた。

試合を公平に進めるために、組織委員会は「大益普洱茶セット」を用意。貯蔵の環境の違いから茶の品質が異なることがないよう、また選手たちが日常の練習において予選、準決勝、決勝と同じ品質の茶葉を用いることができるよう、試合のすべての茶を勐海茶廠一号倉庫から提供した。試合の間、国家職業茶道師の認証を行い、また研究機構である大益茶道院が「大益普洱茶鑑定教室」を開催した。また「試合攻略」法を紹介し、各段階において、選手に指導し、協力した。

これまで、大益論茶は、成功裏に3回行われ、現在、専門性の高い茶業界のなかでは最大規模の行事となっている。大益グループにとってこのイベントの開催の目的は、普洱茶文化を広め、普洱茶の味をもっと多くの人に味わってもらい、茶の愉しみを共にすることである。このような体験ができ、娯楽性に富み、見どころのあふれる行事は、必ず将来、全世界の茶人の論茶時代を切り開くことだろう。

第三節　大益論茶の経歴と経験談

大益論茶はすでに「勐海論茶」、「広州論茶」などの地域的、段階的な論茶を終わらせ、歴史上の論茶を伝承するなかで、大益論茶の真髄をアピールしている。各段階において優秀な成績を取った選手を取材することによって、その経験談や技術を分かち合い、後に続く人々に技術上の参考にしてもらうことを願っている。

梁大強さん

厳しく茶の品質を保ち、科学的に分類し、茶の真の味を理解する

——大益カーニバル広州論茶チャンピオン梁大強さんの鑑定経験談

梁大強さん、20世紀70年代生まれの広寧人。1988年茶業界に入り、2009年大益に入社、今は順徳また仏山で、華茗、第益、傣益の3つの代理店を経営している。

2012年、大益カーニバル広州論茶大会では、尋常ならざる普洱茶鑑定技術で勝ち抜き、全国総チャンピオンの栄耀を獲得し、今回大会の優秀賞品BMWを手に入れた。

2012年度の大益カーニバル広州論茶が閉幕した翌日、記者は広州芳村の南にある茶市場において、梁大強さんのスポンサーである「正源茶行」で梁大強さんに取材した。緊張感のあふれる試合が終わり、梁さんはやや疲れたように見えたが、その喜びと興奮は隠せない。梁大強さんは今回の

論茶の準備をするために、苦労を重ねて70以上の試合用の茶を集めたと語り、また、故郷の茶の生産史や若いときに茶を販売した経験をも紹介してくれた。梁さんは訓練中に書いたノートを見せてくれ、そこにはまめな勉強ぶりや最後までやり抜く精神を読みとることができる。

　論茶では味を重要視するのだが、トップスリーの決戦で、梁大強さんは「老茶頭《ろうちゃとう》」という茶で勝利を収め、数多くの茶の中の品種と生産年月を判断した。どんなトレーニングをしてきたのか、この章において、その謎を一つずつ解いていこう。

1　正確に分類し、細かいところまで対比する

梁大強さんのノートには、彼なりの商品及びその味わいや様相が分類されている。先ず、彼の論茶の方法は、3つのステップに分けられる。

　一、乾茶を嗅いで、茶の生産年月を判断する。二、茶柱を見て品種を判断する。三、茶湯を見て、味わって嘜号《ばごう》（商品番号）や年月を判断する。また乾茶を「芽」「柱」「葉」にわけ、それらの比重で1回目の判断をする。茶湯を「浅」「赤」「濃」（熟茶）にわけ、色を見て直接判断する。味をまた「雑草味」「淡醇味」「濃醇味」「甜醇味」「甜渋味」「特別味」にわけ、そのうち、「特別味」を「薬、毛、甘、苦、糖、煙、蜜など」（生茶、熟茶）にわける。味見を繰り返して練習し、その小さな違いを憶える。その他、茶を飲んだ後、残された茶葉をみて、その茶葉の柔らかさ、色、茶柱を観察し、判断の参考にする。

　細かく分けるので、梁大強さんはカラーペンを使って注釈している。「こうすると、分かりやすいし、目に負担がない。人間は疲れると、諦めがちになるが、練習するときはやはり繰り返しの作業の退屈さを減らしたほうがいい」と梁大強さんは言う。論茶の準備の最も重要な要素は何かと聞くと「茶湯の味に詳しいかどうかは、やはり、日常の飲茶の習慣や経験の長さと密接に関係している」、「毎朝、起きて歯を磨いた後、妻と一緒に生茶を淹れて、じっくり味わう。そして夜は茶の仲間といつも慣例のように店か家に来てもらい一

緒に茶の話をします」と梁さんは語った。

2　茶の品質を保つ

「普段、茶を飲む時や練習する時、茶の品質を一定させるのはとても大事です」と梁大強さんは考えている。良質な普洱茶は甘みを持ち、コクがあり滑らかで、濃厚な味がする。甘みというのは茶湯を飲むと、はっきりとその甘さが蘇って、舌に刺激を与え、舌の下や頬の裏に唾が涌いてくるような感じだ。コクがあり滑らかというのは、茶湯が柔らかく、味は混じりけなく、爽やかで穏やかで、咽喉に親しくさわやかな感じだ。香りがいいという感じでもある。「茶を淹れる前に、茶葉によくない匂いがするか嗅いでみます。保存の問題でカビ臭くなる茶、また他の匂いが混じり込んだ茶があります。特に長く保存した茶はそうなりやすい。変わった味の茶、或いは淹れる手順に問題のある茶があったら、すぐにそれを取り替えます。茶に対する印象と感覚に影響を与え、口の感覚の訓練を妨げます。試合の参考になりえません」。

「大益茶の大部分はブレンド茶ですから、何重もの味がして短時間では分かりません。しかし、茶のことだけに集中し、普段飲むとき、茶と魂に溶け込ませ、その個性を感じ取り、特性を憶えていたら、弁別は難しくありません。原材料の等級が近い茶、例えば、7532と7542、また大益の恋生茶と五子登科（生）、また小龍柱と五子登科（熟）。こういった味のよく似ている茶は繰り返して味わわないと、弁別はできません」。

3　十分な準備と安定な心理

試合の時の心理状態は平常どおりだったか、いかに調整したかと記者に聞かれたとき、「緊張感はあるけど、事前に十分準備したから、自信は持っていました。だからあまり緊張していなかった。平常心で試合を迎え、絶対に賞品を取るとか、いい成績を取るということは考えてはいませんでした。試合の時、頭の中には数十種類の茶の味と特性しかなく、飲むたび、即座に記憶から探さなければいけないので、他のことを考える余裕もありません。練習する時も、試合の時も、何事も思いさえあれば、何でもできると強く心の中で信じている。最後の一秒まで絶対諦めません」。

　広州論茶の優勝は、梁大強さんの生活にたくさんの楽しみをもたらした。「このような栄誉をもらって、大益グループに感謝しないといけません。色々勉強になり、多くの友達もできた。茶の商売をするほかに、今後は、もっと多くの人に大益茶を知ってもらえるよう頑張りたい。大益茶を広め、より多くの人にいい茶を愉しんでもらって、大益をも愉しんでもらいたいです。また、大益の論茶大会が、ますます良い盛会になるように希望しています。もっと多くの茶好きな方に参加してもらって、経験を交流してもらいたいです」と梁大強さんは語った。

　２０１２年の広州論茶では、梁大強さんは自腹で試合用茶を入手したが、２０１３年の大益論茶大会では、主催者は特別に「論茶専用茶セット」を作り、主催者が選手のために茶を用意し、練習用の茶のサンプルを揃え、より多くの人に試合に参加してもらえるよう準備している。

梁鳳さん

大益論茶の戦いに向けての準備、蓋碗で茶を淹れることの損得

――2012広州論茶トップ3強の梁鳳さんの経験談

梁鳳さん、1982年生まれ、広西省貴港人。2007年広東市仏山で初めて大益普洱茶と出会う。2010年6月、故郷の広西省貴港市に戻り、大益専門店を開業し、苦闘の末、2012年度の大益広州論茶大会に参加し、トップ3強に入った。

2012年11月16日午後6時、8時間の激戦を終え、広州論茶大会はトップ3強を決める戦いが始まる。

そして6時20分、他の2人の選手が加わり、広州論茶大会のトップ3強が誕生。決勝戦においては、茶湯や茶葉を見ることができず、味だけで茶種類を判断する。そのため、舞台の太師椅に座る選手は目隠しをされ、生と熟との二品の茶を試し、回答を記入する。皆それぞれ、三回の対戦で計6品の茶を試したが、全て正しく答えることができた人は1人しかいなかった。チャンピオンはこうして誕生した。

準備はフレキシブルに

初戦の微茶会から、地域における2回戦までは、梁鳳さんは遊び心で試合に参加していた。梁鳳さんにとって、広州論茶大会に参加したのは、自分の茶に対する理解度を試してみたかっただけだが、トップ72強の試合に入ると、さすがに試合の緊張感が高まってきた。

彼女の大益茶の経験と言えば、2年間の日常業務の積み重ねである。以前は1日、顧客のためだけにしか茶を淹れていなかったが、トップ72強の戦いに入ると、毎日、業務以外にも猛練習を重ねることになり、1日の練習時間は7時間を超えるほどだった。茶葉は価格によって、その等級が高級、中級、低級との3等級にわけられるが、低級茶では100元ぐらいのお薦め商品が多く、たとえば定番の5品種などがある。中等茶では、銀孔雀、布朗青餅、7532、7542などがある。高等茶では易武正山、金大益などがある。彼女は低級茶についてはとても詳しいので、試合前はまずは、他の等級茶に集中して練習を積んだ。

試合前の1ヶ月の準備期間、梁鳳さんは生茶と熟茶を1日おきに練習していた。等級に分け、毎日10種以上の茶を練習する。茶湯の色、味、茶葉を徹底的に記憶する。練習では茶葉がよく見えるように、試合用のコップを使わず、いつもの蓋碗を使う。茶ごとに5gを用意して、蓋碗に入れ、湯で2回醒茶して、3煎目の茶湯を鑑賞し茶湯の色や茶葉を観察する。同様に1日10種以上の茶葉で練習する。なぜ試合用のコップを使わないのか、といえば、やはり今までの習慣で、試合用のコップは茶を楽しむにはふさわしくないという考えがある。また現実的な問題として試合用のコップでは5分間蒸らしても茶葉が十分開かない茶葉があり、準備には不向きだと考えた。

このように十数日、練習を繰り返したうえで梁鳳さんは模擬テストを開始した。馴染みある茶葉からスタートし、最終的には70%の正解率まで上げ満足いく準備を終えることができた。

羅明勇さん

基礎知識を身に付ければ、品茶会はすべてを教えてくれる

——大益広州論茶大会トップ3強の羅明勇さんの経験談

羅明勇さん、1981年生まれ、雲南省楚雄市の出身。2004年茶業界に入り、2011年大益に入社。今は雲南省巴達山茶店のスタッフである。2012年大益カーニバル広州論茶大会において、茶に対する深い見識からトップ3強に入ることができた。

2012年11月の広州論茶大会では、羅明勇さんの活躍はとても目立っていた。初戦から決戦まで、羅明勇さんの成績は安定していてトップ72強からトップ10強の試合までの間に何度も1位を獲得した。羅明勇さんの勝利のコツは、主に乾茶や葉底（淹れたあとの茶葉）による判断である。ところが、茶湯の滋味による判別は羅さんのもっとも得意とするところではない。最後の決戦の時は、「盲弁法」なので、これまでの通りにいかず、結局優勝はできなかった。「大会への参加を決めた時は、多くを期待して参加したわけではなかったですし、なんと言っても大益に来てまた一年も経っていません。トップ3強に名を連ねることができてもう大満足です。本番の1分は、10年の普段の努力で決まるという言葉通りですね。試合を通して日頃の努力が確かめられるわけだから、試合の結果より日頃の努力が大切だと思います」と羅明勇さんは述べた。

1　論茶はまずブレンドについて理解すること

論茶の経験では、羅明勇さんは「ブレンド」という概念が重要と常に考えている。「論茶は試合です。この試合を通して、大益の茶はそれぞれ鮮明な違いがあるということが分かったと思います。茶には、それぞれのよさと特徴があり、独自性があります。今、マーケットでは多くの企業が「純料」とか、「古樹茶」などとやたら宣伝していますが、それは要するにこれらの企業は大益が持っているようなブレンド技術や、熟茶の発酵技術を備えていないのが原因です。そもそも技術面で劣るので、「純料」や「古樹」という言葉をしきりに使って宣伝するのです。実は「純料」や「古樹」は産出量がとても少なく限られていますし、そもそも味はブレンドされた茶より劣っている。普洱茶が時間の経過とともに味のバラエティが増していくのはブレンド技術によるものなのです」と羅明勇さんはいう。

このような考えに照らし、羅明勇さんは「論茶の準備をする際、また普段に茶を飲む時、茶のブレンド比率に注意し、乾茶の色、茶表面の産毛の量、また新芽であるかどうか、茶葉と茎の比率などを観察して、茶葉の等級を判断します。それから、味を試します。茶の味は茶の量、蒸らし時間などと深く関わっているが、茶に含まれている物質の特色は変わらない」と話す。「普段、茶を飲むとき、お客さんの好みに合わせるため濃さの違う茶を入れます。普段の経験を積み重ねて、茶を全体的に知れば、違う淹れ方でも誤判定することはありません。淹れる前の茶を観察し、また茶湯の味を試し、残された茶葉を観察するのも大事な一歩です」。羅明勇さんには自分なりのコツがある。それは残された茶葉に冷たい水をかけると、もっとはっきり見える、というものである。「勿論試合の時にこの方法は使えませんが、普段練習時には使ってもかまいません。各種の茶の茶葉への認識が高められます」という。

2　真の鑑定は日々の積み重ね

茶は一朝一夕にできるものでなく、日々の積み重ねがとても大切と、羅明勇さんは強調する。茶のことを正しく理解できるようになるには、自分の経験の積み重ねしかない。2005年8月、雲南省で行なわれた第1回茶芸師養成講座に参加し、茶芸師の資格を取り、2008年には昆明の勐海茶廠で行なわれた論茶大会で決勝に入るという成績を収めた。大益入社後は、一日中大益茶と過ごし、大益茶への理解を深めてきた。店では、仕事仲間とともに良い習慣を養うため、仕事の流れを決めている。「先ずは乾茶の茶餅、茶芽、茎の観察、それから茶湯の色や透明度を観察します。また香りや臭みの有無、後味の善し悪しを判断します。その後、茶湯を飲み、熟茶の滑らかさ、生茶の後味の豊かさのレベルなどを確かめます。最後、残された茶葉が色よく完全に残されているか、やわらかさや光沢はあるかを観察します」。このような日常業務の習慣を通じて、茶に対する認識や感覚を高めていった。

「茶にあまり詳しくないお客さんには、論茶のように試合のコップで茶を入れて、試合のプロセスごとの状況の違いを見せます」。プロセスごとに状況が違うので、お客にはそれぞれ説明する。ちょうどこれは広州論茶大会の戦い方と合っているので勉強になる。「他の選手と比べて、私は茶の理論を日常業務で勉強する機会が多く、多少は有利です。しかし、理論はあくまで茶の知識に過ぎません。真の鑑定能力向上にはやはり日常経験の積み重ねです」と羅さんは語る。

3、真摯にトップの品質を目指す

人によって茶の楽しみ方は異なる。広州論茶大会を思い出してみると、トップ72強の試合の時、羅さんは後にチャピオンになる梁大強さんのことを意識していたと言う。「私は他の選手より茶を飲むのが速いです。他の選手がまだ考えているうちに大抵、答えを出している。ある試合中、私は回答を書き込んだのち、他の選手を見回していたら、ある人が目に入りました。それが梁大強さんです。彼は茶針を持参し、乾茶を茶針でいじりながら観察していました。道具を持参してきた人を見るのは初めてで、本当に真摯に取り組んでいる人だなと感心しました。彼と言葉を交わしたのは決勝に入ってからのことですが、彼は最後、優勝しました。優勝するだけの努力や準備をしていることが分かりました。２０１３年の試合に参加する選手にとって、彼の態度は学ぶべきものだと思います」。

試合参加者はちょっとした食べ物を用意しておいたほうがいいと羅明勇さんは提案する。長時間にわたって、濃い茶を飲むと、低血糖や目眩がすることもある。「前回の試合では試合が午後まで続いて、茶を飲みすぎ、お腹も空き、体がちょっと持ちませんでした。来年、試合に参加する人は事前にクッキーでも用意したほうがいいと思います。もちろん、試合に影響しないような味の薄いものが良いでしょう」。日常の飲食において、たまに辛いものを食べて、味覚に刺激を与え、味への敏感度を高めることもある。「ただし、この経験は誰にでもふさわしいものではありません。辛いものは味覚を狂わせるという人もいます。これはやはり自分自身の状況に応じて決めることです」。

チャンスを持ち入門、趣味で続け、平常心で参戦

――2013年大益論茶大会優勝者、韋暁春さんの経験談

2013年10月12日、大連で行われる「茶狂（茶に狂う）」というテーマの論茶大会の決勝で、ある地味な女性が脚光を浴びることになった。南寧市澄心堂からやってきた、この韋暁春という女性は、安定的な試合ぶりでライバルを次々と破り、そして最後には今回の論茶大会の優勝者となった。

韋暁春さん

韋暁春さんは、80年代生まれの広西省出身の女性。大学時代の専攻は英語だったが、卒業後、縁があり広西大益茶旗下の澄心堂という茶葉販売店で働くことになり、茶との生活が始まった。おしゃれな英語専攻の女子学生から、伝統文化を受け継ぎ発展させる大益茶人へと大変身を遂げたのだ。

論茶大会で優勝できたのは偶然ではなく、普段からの見えない努力の結果である。実は去年の広州論茶大会でも、韋暁春さんは、既に傑出した実力を発揮しており、華南地域のトップ10に入っている。それでは、彼女は茶との付き合いで、どんな経験をしてきたのか、見てみることにしよう。

韋暁春さんが茶を始めるきっかけは、販売店の店長との出会いからである。2010年に卒業した彼女は、偶然にも南寧市の澄心堂で普洱茶が大

好きという店長と知り合い指導を受け、茶を始めることになった。初めからうまく行ったわけではなく、自分の専門と何の関係もなく茶の知識もない、自分の選択を疑うことも何度もあったほどだった。だが性格の明るい彼女は、店長やお客と積極的に付き合い、彼らから影響を受け、茶の神髄を知るにつけ、次第に「国飲（国家的飲みもの）」が好きになっていった。「深く茶の素晴らしさを知り、茶を飲むたび、気分が落ち着き、スッキリします。すべてをゆったりと感じることができます」と韋暁春さんは語る。大学では英語を専攻した彼女は、今でも茶葉販売店で茶を続けている。

茶好きの気持ちは原動力

初めて茶を入れたときは、茶の知識も技巧も全く知らず、蓋碗も紫砂壺も使ったこともなかった。初めて茶壺を使ったその時は、茶を入れるとき、手に火傷で水膨れができ、それにも関わらず、最後の1滴を絞りだすまで続けたという。今でもその場に居合わせた友達に当時のことを笑われるが「茶を始めたばかりの1ヶ月、手に火傷をするのはごく普通なこと。茶を始めた人なら誰でも経験することです。火傷は茶芸を身につける関門といっても過言ではありません。この試練を乗り越えなければ、茶を学ぶ資格ありません」と過去を振り返り彼女は言う。

学生時代、韋暁春さんは茶に触れる機会が少なく、彼女の記憶に一番残っているのは初めて飲んだ澄心堂の普洱茶の味である。それは彼女にとっては茶に初めて恋をしたような感動だった。この初恋の感動は今でも褪せることはなく、さらに、茶への関心、興味が増し、より成長しようとする原動力になっている。

茶を理解するには、経験に加え勉強も必要

今回、「茶狂」というテーマの大益論茶大会の2万人の参加者から韋暁春さんが選ばれたのは、偶然などではない。それは彼女が日ごろから舌の識別能力をトレーニングしていたことと関係している。「普段茶を飲むときでも茶湯の変化や色の変化などを常に見ています。仕事は茶の販売ですから、お客さんの意見をよく聞き、茶の特性や違いなどをよく聞いて覚えます」。韋暁春さんはそう語る。お客にはそれぞれ好みの茶があり、それらの声を集め、彼女自身が茶湯を愛しているという強い気持ちと、日頃の業務の積み重ねを通じ、各種の茶の茶性を熟知するまでに至っている。「また、とても勉強になったのが、以前、参加した大益主催の普洱茶の鑑定教室です。普段のお客さんとの交流が基礎の積み重ねだとしたら、この鑑定教室のトレーニングは体系化された勉強でした」と語る。

大益論茶大会が開催される直前、普洱茶の鑑定教室が南寧で開かれた。「教室では、毎日ひたすら茶を飲んでいました。プロの先生は茶の湯や味の指摘をしてくれました。私ははっきりした目標があってこの業界に入ったわけではないので、茶に関する専門知識は多くはないのです。このトレーニングで多くの知識を得ることができ、それが今回の優勝につながったのだと思います。鑑定教室の先生に感謝しています」と言う。

直感、それは勝利の切り札

韋さんが今回の試合の流れを振り返ると、各試合において、茶を一口含むと、たくさんの馴染みの茶が浮かび、決断するのはとても難しく、どれを選ぶか本当に困ったという。では一体どのようにして決断するかといえば、そのコツは簡単で、自分の直感を信じること。この茶だと直感が閃いた瞬間、すぐ迷うことなく決断したと韋暁春さんは言う。味覚というものは、直感に支配されている。茶人の直感と言えばよいのか、普段から茶を飲んでいるからこそ、必ずその直感が閃く。大会ではこの直感が試合が終わるまで続き、最後まで勝ち残ることができたことが勝利の理由と、韋さんは考えている。

勿論、直感のほか、試合上の技巧も重要である。例えば、決勝は盲弁法で行なわれるが、普段はこのような練習はしていないため、参加する選手はみんなこの状況を心配する。普段から対策

DESIGNERS VOL.5

を意識しながら練習し、味覚だけを頼りにして、茶を識別できるように準備しておくべきである。そうすれば、試合の時は慌てないはずである。最後の単独弁別法は一番簡単である。今回の大会が採用したのはあらかじめ決められた30種の茶なので、普段からたくさん観察し、練習しておけば全く問題ないはずである。

　今回の論茶大会での勝利は、個人の生活には何か影響がないかと聞かれた韋暁春さんは次のように語った。「最大の影響は、これから茶の仕事を続ける自信を得たことです。プロの茶人になり、茶の理想を果たそうとする信念が固まりました」。論茶大会後、韋暁春さんは大益グループが提供する賞品のＢＭＷ自動車を獲得するはずだったが、彼女はＢＭＷ自動車の代わりに南寧代理店を経営する資格を取りたいとグループに申請した。相談のうえ、グループは彼女の申請を受けると同時に賞品のＢＭＷ自動車と同額の資金を提供することにした。半年の準備期間を経て店はすでに開業している。南寧市友誼路中房碧翠園の隣にある店は、韋暁春さんの事業のスタートラインである。

　「茶の店を持つのは女性の夢です」と大益の呉遠之理事長は言った。今、大学出の茶王、韋暁春さんは自分の努力を通して、夢を叶えた。彼女が普洱茶の道を歩み、将来も永遠に普洱茶の事業が発展していくことを祈ってやまない。

付録二
普洱茶の審査評定の用語集

普洱茶を鑑定する際には、茶の品質について評価や判断を行うが、そこで使う言葉は非常に重要である。評価に当たって、いかに適当な言葉を使って茶を評価するかが普洱茶鑑定の基本であり、キーポイントでもある。それゆえ、よりよく鑑定するには、普洱茶鑑定における専門用語の意味を理解することも大いに役立つだろう。

鑑定の過程と要素によって、基本用語を以下の5つに分ける。即ち、外形、茶の湯（色）、香り、味、葉底《ようてい》の5分野である。

1　外形に関する専門用語

端正 (duānzhèng)：完全で、損傷なくきちんと整っていること。

松紧适度 (sōngjǐnshìdù)：茶葉が適度な状態に押し固められた様子。

亀裂 (jūnliè)：押し固められた茶の表面に割れ目がある様子。

平滑 (pínghuá)：表面が平らで、剥離や突き出ている茎などがない様子を指す。そうではない場合は粗糙（cūcāo）（荒い）という。

缺口 (quēkǒu)：押し固められた茶の表面や縁が欠けてしまった様子。

泡松 (pàosōng)：沱茶や餅茶などきちんと固められていないため、締まっておらず、容易にばらばらになってしまう状態。

松泡 (sōngpào)：茶葉の巻き方が比較的ゆるい。

歪扭 (wāiniǔ)：饅頭型に固められた沱茶の縁が整っていない。

通洞 (tōngdòng)：圧力が強くかかった、沱茶や円盤形に固めた餅茶の表面の真中に穴がある。

脱面 (tuōmiàn)：押し固められた茶の表面が剥

げている。

芽头 (yátóu)：生え出て間もない芽、まだ茎と完全な茶葉が出ておらず、細くて柔らかくて毛が多い。

单张片 (dānzhāngpiàn)：一つだけの茶葉。老若の区別がある。普通は大きくて若くない茶葉を指す。

茎 (jīng)：まだ木の枝になっていない、若い茎。

梗 (gěng)：若芽が生える若い枝。普通は当年の青い枝を指す。

猪肝色 (zhūgānsè)：赤くて暗い、豚レバーの色のようである。。

黑褐 (hēihè)：黒みがかった褐色。

黑润 (hēirùn)：深みのある黒、光沢がある。

棕褐 (zōnghè)：褐色に棕櫚の色味がかかっている。

褐红 (hèhóng)：褐色がかった紅。

泥鳅条 (níqiūtiáo)：茶葉が大きくて、丸くてまっすぐである。

折疊条 (zhédiétiáo)：茶葉が折り畳まれている。

壮结 (zhuàngjié)：茶葉が太くて丈夫な様子。

金毫 (jīnháo)：若芽に生えている金色がかった産毛。

乌黑 (wūhēi)：真っ黒で光沢が無い。

褐黑 (hèhēi)：褐色がかった黒、光沢あり。

显毫 (xiǎnháo)：産毛の量が多い。

锋苗 (fēngmiáo)：若芽が細くて柔らかい。巻き上がっているが、先端がある。

重实 (zhòngshí)：茶葉が重く、手に乗せると重みを感じる。

轻飘 (qīngpiāo)：茶葉が軽く、手に乗せると軽く感じる。

粗松 (cūsōng)：若芽茶。太くてバラついている。

2　味に関する専門用語

陈纯 (chénchún)：味に厚みがある。陳香、カビ臭さがない。

平和 (pínghé)：普通な味、刺激性が弱い。

醇和 (chúnhé)：味が純粋でまろやか。後味が少し甘い。刺激性は「醇厚」より弱くて、「平和」

より強い。
醇厚 (chúnhòu)：飲み口は爽やかで甘くて厚みがある。その余韻が長く続く。
浓厚 (nónghòu)：飲み口は濃い。刺激性が強く長く続く。後味が甘い。
回甘 (huígān)：飲み込んだ後、舌の根と喉に甘みを感じ、潤いが残る感覚。
鲜爽 (xiānshuǎng)：新鮮で爽やか。
水味 (shuǐwèi)：茶湯に濃厚さがなく、水のように薄い。
平淡 (píngdàn)：飲み口は少々茶の味がするが、後味がない。
青涩 (qīngsè)：茶の味が薄く草のような渋さがある。
苦底 (kǔdǐ)：飲み口は苦く、後は更に苦くなる。

3　茶湯の色に関する専門用語

嫩黄 (nènhuáng)：金色の中に柔らかな白さが表れている。
绿黄 (lǜhuáng)：黄色が主で緑色を帯びる
黄绿 (huánglǜ)：緑が主で黄色を帯びる。
浅黄 (qiǎnhuáng)：内容物が豊かではなく、浅い黄色。
黄亮 (huángliàng)：黄色く光沢がある。黄色で明るい。
橙黄 (chénghuáng)：黄色にわずかに紅色を帯びる。
橙红 (chénghóng)：紅色に黄色を帯びる。
深黄 (shēnhuáng)：濃い黄色。光沢がない。
褐红 (hèhóng)：紅色に褐色を帯びる。
红褐 (hónghè)：褐色に紅色を帯びる。
深红 (shēnhóng)：濃い紅色。光彩に欠ける。
清澈明亮 (qīngchèmíngliàng)：沈澱物がない。澄みきっている。光沢がある。
浑浊 (húnzhuó)：茶の湯に多くの浮遊物が混じり、透明ではない。
昏暗 (hūnàn)：明るさはないが、浮遊物もない。
红浊 (hóngzhuó)：赤い茶の湯で沈澱物が多く、椀底が見えない。
红浓 (hóngnóng)：茶湯の色が赤くて濃い。内容物が豊かである。
栗红 (lìhóng)：赤に茶褐色を帯びる。普洱熟茶の葉底の色にも適用できる。

４　香りに関する専門用語

馥郁 (fùyù)：長く続くエレガントな香り。
毫香 (háoxiāng)：茶葉に生えている細かな産毛の香り。
浓烈 (nóngliè)：長く続くふくよかな香り。刺激性が強い。
焦糖香 (jiāotángxiāng)：熱でじゅうぶん乾かされたか、火加減が強いことによって生まれるカラメルのような香り。

５　葉底（淹れたあとの葉）に関する専門用語

红褐 (hónghè)：褐色に紅色を帯びる。十分に「渥堆」発酵された普洱茶の葉底の色合い。色は豚レバーの色に近い。
褐红 (hèhóng)：紅色に褐色を帯びる。中程度に「渥堆」発酵された普洱茶の乾茶の色合い。色は豚レバーの色より濃い。
绿黄 (lǜhuáng)：黄色が主で緑色も含む。「黄绿」より劣る。茶湯の色の専門用語でもある。
黄绿 (huánglǜ)：緑色が主で黄色も含む。茶湯の色の専門用語でもある。
花杂 (huāzá)：茶葉の色や形など均一ではない。あるいは枝が多く、夾雑物がある。
嫩匀 (nènyún)：茶葉が柔らかくて均一に揃っている。
嫩软 (nènruǎn)：茶葉が若くて柔らかい。
以上の専門用語を理解して普洱茶をよく鑑賞する。以下、３点に注意払うとよい。１、用語を理解する場合、後ろに置かれる漢字に特に重点を置くこと。２、特に味覚に関しては程度による違いがあることを知る。３、「尚、稍、带、有」などの副詞に含まれる意味を正しく理解すること。

大益普洱茶の品質鑑定

2016年5月26日　初版発行

編　者　呉　遠之

翻　訳　原口純子

協　力　外文出版社有限責任公司（中国北京）

編　集　王　志

編集協力　徐学、高飛燕、田丸祥幹

デザイン　王　志

発行者　中田典昭

発行所　東京図書出版

発売元　株式会社 リフレ出版

〒113-0021　東京都文京区本駒込 3-10-4

電話（03）3823-9171　FAX 0120-41-8080

印　刷　株式会社 ブレイン

© Wu Yuanzhi

ISBN978-4-86223-976-1 C2061

Printed in Japan 2016

落丁・乱丁はお取替えいたします。

ご意見、ご感想をお寄せ下さい。

［宛先］〒113-0021　東京都文京区本駒込 3-10-4

東京図書出版